做好课题申报

AI辅助申请书写作

赵鑫 宋义平 郭泽德 著

人民邮电出版社
北京

图书在版编目（CIP）数据

做好课题申报：AI辅助申请书写作 / 赵鑫，宋义平，郭泽德著. -- 北京：人民邮电出版社，2024.2（2024.7重印）
ISBN 978-7-115-63094-0

Ⅰ. ①做… Ⅱ. ①赵… ②宋… ③郭… Ⅲ. ①科研课题—申请—文书—写作 Ⅳ. ①G311

中国国家版本馆CIP数据核字(2023)第213130号

内 容 提 要

申报课题是高校教师和科研工作者十分重要的工作内容。

本书采用倒金字塔思路，对课题申请书进行了拆解，并系统介绍了如何利用 AI 辅助做好课题申报工作。本书第一章对课题申报进行了概述，分别介绍了各级别课题的申报公告和申请书及活页。第二章～第十二章分别介绍如何利用 AI 辅助开展课题申报的具体工作，主要有寻找选题、分析课题立项选题，以及课题论证相关部分的写作，包括研究背景写作、学术史梳理及研究动态写作、研究价值写作、阐释研究对象与框架思路写作、课题的重点难点写作、主要目标写作、研究计划及其可行性写作、其他部分写作。本书讲解全面、细致，并采用案例直观展示，方便读者学习。

本书适合申报课题的高校教师和科研工作者阅读。

◆ 著　　　　　赵　鑫　宋义平　郭泽德
　　责任编辑　蒋　艳
　　责任印制　胡　南

◆ 人民邮电出版社出版发行　　北京市丰台区成寿寺路 11 号
　　邮编　100164　　电子邮件　315@ptpress.com.cn
　　网址　https://www.ptpress.com.cn
　　固安县铭成印刷有限公司印刷

◆ 开本：720×960　1/16
　　印张：16.5　　　　　　　　　　　2024 年 2 月第 1 版
　　字数：276 千字　　　　　　　2024 年 7 月河北第 7 次印刷

定价：69.80 元

读者服务热线：**(010)81055410**　印装质量热线：**(010)81055316**
反盗版热线：**(010)81055315**
广告经营许可证：京东市监广登字 20170147 号

AI——学术研究的好伙伴

对于高校教师和科研工作者来说，申报课题是一项重要的工作内容，在学者的学术生涯中占据着重要的位置。在申报课题的过程中，我们需要明确以下几个问题。

（1）为何需要申报课题？首先，申报课题是高校教师和科研工作者的责任之一。随着中国特色社会主义进入新时代和中国式现代化进程深入推进，一些重大理论问题和现实问题，亟须高校教师和科研工作者从学术角度进行科学系统的研究，创新理论，破解难题，提出对策。如国家社会科学基金项目、教育部人文社会科学项目、省级社会科学项目等的设立就是充分发挥高校教师和科研工作者的科研力量来解决党和国家高度重视和迫切需要解决的重大理论和现实问题。因此，申报课题和研究课题，是高校教师和科研工作者积极响应党和国家事业发展需要的有力表现，是实现自我价值的重要途径，体现了学以致用的治学宗旨，这也是学者治学的终极目标。其次，申报课题是提高科研能力和学术水平的需要。课题成功立项，学者就可以获得一定的经费支持，能更好地开展调查研究和必要的实证研究，参加相关学术活动，组织召开或参加相关学术会议。若结项后有剩余经费，还可支持学者做课题的后续研究，而后续研究又可生发出新的课题，申请人再以此去申报新的项目。如此周而复始进入良性循环，申请人成功解决的理论和现实问题会越来越多，其学术成果将会越来越多，科研能力和学术水平也会随之提高。

（2）课题申请书是给谁看的？课题申请书由申请人撰写，上交到课题主管部门，由其组织评审专家进行评审，通过专家评审和主管部门审批的课题最终获得立项。课题申请书是拟申请课题的研究思路、研究内容、研究观点、研究计划、研究基础等有效且唯一的呈现资料（后期资助项目除外），由课题评审专家评阅。课题评审专家往往都是某专业或学科领域的权威专家或成果丰硕的知名学者，他们对本领域的学科知识较为熟悉，在高级别或同级别课题上具有丰富的研究经验。因此，申请书要写得非常专业，要具有创新性、前沿性、前瞻性、科学性、规范性，否则很难说服经验丰富的评审专家。

（3）课题选题与学位论文或期刊论文的选题一样吗？一般来说，申报课题需要基于一定的前期研究基础，如有相关的硕士或博士论文，发表过相关的期刊论文。但是课题选题与学位论文或期刊论文的选题有着较为明显的不同，那就是明确的问题导向意识。如国家社会科学基金项目要求申请人聚焦的是党和国家高度关注的重大理论和现实问题，而省级社会科学规划项目会鼓励和支持申请人更多地关注申请人所在省级行政区域密切关注的理论和现实问题，所以这些课题往往具有鲜明的学术价值和应用价值。同时，很多课题申报公告中会提供课题指南，供申请人参考。所谓课题指南，就是该课题主管单位需要申请人用所学知识去解决的相关问题，课题指南体现了课题最为显著的问题导向意识。当然，课题主管部门一般也会允许申请人在课题指南之外根据自己的研究兴趣和研究基础来自拟选题，同时也会给出大致的指导方向，即依然要聚焦重大的理论或现实问题。所以，即便是自拟的课题选题，在问题导向上与学位论文或期刊论文选题也有着较为明显的区分。当然，有的学位论文或期刊论文的选题也在聚焦重大理论或现实问题，但这并不是必需的，学位论文或期刊论文的选题只要具有学术性、创新性和研究价值，便可以去做，而这些选题并不一定适合作为课题选题。另外，受版面所限，期刊论文的体量往往较小，所以期刊论文的选题并不适合直接用作课题选题。

了解了课题申报的相关问题后，我们要探讨的便是 AI 在课题申请书的写作过程中所扮演的角色。有很多申请人可能更想把 AI 当成"写手"，让它来为自己撰写申请书，且内容越详细越好，越完整越好，申请人只需要做提问和复制粘贴的工作即可。这种想法是万万要不得的——AI 不是让人类变得更懒，它存在的意义是让人类变得更高效，而更高效的起点和终点都指向人类更高的智慧。也就是说，聪明的人使用 AI，训练它，AI 会变得更聪明，而聪明的 AI

给出的高质量回答会促使聪明的使用者做出更深入的思考和更具创新性的知识生产，进而让使用者变得更聪明。因此，聪明的人使用聪明的 AI，让其变得更聪明，进而使自己更聪明，这便是使用 AI 的根本要义，即人机共舞，绝非用机器替代人思考，而人只负责复制和粘贴。

笔者更愿意将 AI 视为学术咨询顾问、学术助手、学术伙伴。当你在做学术研究过程中，打不开思路的时候，AI 会用其"所学"来为你答疑解惑，甚至还可以"向你发问"，帮你梳理研究思路，盘点研究基础，挖掘研究创新点，"陪伴"的意味尽在其中。

我们不要只是简单地提问，而是要掌握科学的提问方法，了解各种提问模型，弄清楚 AI 的底层逻辑；更要擅于"聆听"，敏锐地从 AI 的回答中发现继续提问的问题点，不断地追问，在"提问—回答—追问—回答—再追问—再回答"不断循环的过程中，发现 AI 给予的巨大启发。

综上，AI 不能代替必要且扎实的学术训练，或者说，在使用 AI 时，只有使用者具备较强的学术能力和较深厚的学术积淀，才能让它的作用和价值更大。细心的使用者会发现，AI 有时也会产生机器幻想，"一本正经"地胡说八道，编造虚假信息，这就要求使用者时刻具有学术敏感性、学术警觉性和学术严谨性，端正治学态度，严守学术伦理底线，对 AI 的回答进行深入细致的验证，不要"听之任之"，更不可"拿来就用"。

笔者再次重申，我们倡导的是将 AI 当成学术咨询顾问、学术助手、学术伙伴，和它一起做学术研究。在撰写课题申请书的过程中，需要它启发我们，而不是让它替我们编写申请书。我们倡导用 AI 辅助课题申请书的撰写，希望每位读者认真理解"辅助"二字的要义。AI 的回答中有时会存在术语、概念、文件、文献等不科学、不规范或不真实的问题，但为了给读者呈现 AI 回答的原貌，更为了提醒读者秉持着批判精神使用 AI，本书在 AI 的回答部分尽可能呈现笔者在使用 AI 时它给出的答语，但这并不意味着这些答语都是准确且科学的。这一点需要读者有清醒的认识，并加以辨别。

本书采用倒金字塔思路撰写，即将课题申请书进行拆解，再介绍利用 AI 辅助各部分要素的编写。在提问时，笔者依据整体性提问和分要素提问的思路向 AI 提问，为的是呈现出整体性提问和分要素提问在问答质量上的差别，引导读者意识到学术训练的重要性，正确认识与使用 AI。

最后，还要指出的是，随着 AI 时代的到来，AI 工具层出不穷，ChatGPT、Bard、New Bing、Claude、文心一言、讯飞星火等都是基于大语言模型的人工智能工具，其底层逻辑大致相同，在使用它们时，相同的提示方式对它们来说都是适用的。本书主要以 AI 为例来具体介绍 AI 辅助课题申请书的写作技巧，而这些技巧也同样适用于其他同类工具。笔者建议大家在实际的操作过程中培养综合使用多个工具的意识和习惯，比较它们各自的优缺点，优中选优，充分发挥各种 AI 工具的优势。

附赠本书
Prompt 模板

目 录

参考文献

第 1 章

课题申报概述

按照课题的级别，可将科研课题分为校级课题、厅局级课题、省级课题、部级课题和国家级课题。本章主要介绍国家社会科学基金项目、教育部人文社会科学项目和省级社会科学项目三类课题。每类课题都有课题申报公告，但是很多申请人对课题申报公告不够重视，只是粗略读一下或选择性地忽略一些内容而直奔重点信息（经费、选题要求、课题类别及研究周期、申报截止时间、申报办法等）。这不利于申请人深入把握每类课题，只有仔细研读，才能真正寻找和论证出紧密契合该类课题需求的选题。申请人可以将课题申报公告中的相关信息输入给 AI，让它分析，并指出课题申报中应注意的事项。

第一节　借助 AI 分析各级别课题的申报公告

一、借助 AI 分析国家社会科学基金项目的申报公告

对于人文社会科学领域来说，国家社会科学基金项目（简称国家社科基金项目）是最高级别的科研项目，包括重大项目、年度项目（重点、一般和青年）、后期资助项目、中华学术外译项目、冷门绝学研究专项、高校思政课研究专项等，涉及学科广泛，年度项目涉及 23 个学科，另外还有教育学、艺术学和军事学三个单列学科。此处主要以年度项目为例。当申报公告发布后，可借助 AI 对申报公告进行分析，以快速掌握该类课题的大致要求。

提问：

以下是从《2023 年度国家社会科学基金项目申报公告》中截取的部分内容。###①

打开申报公告，将申报公告里的具体内容粘贴到此处，可根据自己的需求截取申报公告里相应部分。此处，笔者截取了该申报公告的第一、二、三、七部分，目的是借助 AI 辅助分析该类课题的指导方针和选题方向。

###

请帮我分析国家社会科学基金项目的要求，申请人在进行课题选题论证时需注意哪些要点？

回答：

根据你提供的《2023 年度国家社会科学基金项目申报公告》相关信息，提取出以下课题选题论证的要点。

1. 遵循正确的政治方向、价值取向和学术导向。课题必须符合习近平新时代中国特色社会主义思想和党的二十大精神，保持政治方向、价值取向和学术导向的正确性。

---

① ### 为区隔符，区分用户给 AI 提供的材料内容和用户的提问内容，### 内的内容为提供的材料内容

2. 聚焦重大理论和现实问题。申报的课题需要紧紧围绕事关党和国家事业发展的重大理论和现实问题，以及构建中国特色哲学社会科学的重要基础和前沿问题。

3. 展现时代特征、问题导向和创新意识。课题应具有鲜明的时代特征，以问题为导向，并体现创新意识。

4. 基础研究和应用研究并重。基础研究需要跟踪学术和学科的发展动态，推进学科体系、学术体系、话语体系的创新。应用研究则需要关注党和国家事业的发展需求，解决全局性、战略性和前瞻性的重大问题。

5. 跨学科研究。2023 年度国家社会科学基金项目鼓励申请人开展跨学科综合性研究，尤其在综合性选题方面，要求申请人围绕重大理论和实践问题，以及中国特色哲学社会科学的重要基础和前沿问题进行跨学科研究。

6. 灵活选择课题。申请人可以根据《国家社会科学基金项目 2023 年度课题指南》中的选题进行申报，也可以结合自身的研究兴趣和学术积累自行选择课题。不论选择哪种方式，都需要确保课题名称的表述科学、严谨、简明，避免引起歧义或争议。

以上是在进行国家社会科学基金项目的课题选题论证时需要注意的要点。希望这些信息能够对你有所帮助。

从 AI 的回答也可以看出，国家社会科学基金项目要求申请人站在党和国家的立场上，关注事关党和国家事业发展的重大理论和现实问题，课题要兼具理论价值和实践价值，体现出强烈的时代特征，具有鲜明的问题意识和创新意识。重要性、现实性、针对性、创新性、前沿性、全局性、前瞻性是国家社会科学基金项目课题的特点，也是申请人在撰写课题申请书时应时刻关注的问题。

国家社会科学基金项目提供了选题指南，申请人要高度关注选题指南，并结合选题指南申报选题。当然，国家社会科学基金项目也允许申请人根据自己的研究兴趣和课题指导方针自拟选题进行申报。由此可见，国家社会科学基金项目在选题方面既具有较强的指导性，又具有较大的灵活性和包容性。

二、借助 AI 分析教育部人文社科项目的申报公告

教育部人文社会科学研究一般项目（以下简称教育部人文社科项目），是由

教育部社会科学司主管的人文社科项目，同年度不能与国家社会科学基金项目同时申报，可见国家对该项目的重视和认可，该项目的水平之高在学界是公认的，属于高级别人文社科项目。教育部人文社科项目包括规划基金项目、青年基金项目、自筹经费项目和专项任务项目（包括中国特色社会主义理论体系研究专项、高校辅导员研究专项等）。从立项数量来看，该项目更加鼓励和扶持青年学者，青年基金项目的立项数占比较大，而且该项目对青年基金项目申报者的年龄要求较为宽容，40周岁以下的申请人均可申报。该项目涵盖的学科众多，非常全面，共计25个学科，尤其还包括"交叉学科/综合研究"这一新兴学科门类。

在了解了该项目的大致情况之后，可以借助AI对该项目当年度的申报公告进行分析，以快速了解申报公告中的重要信息。

提问：

以下是从《关于2023年度教育部人文社会科学研究一般项目申报工作的通知》中截取的部分内容。

\#\#\#

可根据自己的需求从申报公告中复制相关内容并粘贴到此处。笔者将申报指导思想、项目类别及资助额度、项目申报学科范围等信息粘贴到这里。

\#\#\#

请帮我分析教育部人文社科项目的要求，申请人在进行课题选题论证时需要注意哪些要点？

回答：

根据《关于2023年度教育部人文社会科学研究一般项目申报工作的通知》，申请人在进行课题选题论证时，需要注意以下要点。

1. 研究方向的指导原则。必须遵循正确的政治方向、价值取向和研究导向，深入学习贯彻党的二十大精神，贯彻落实习近平总书记关于教育的重要论述、关于哲学社会科学工作的重要论述。

2. 研究基础和学术特长。申请人应根据自身的研究基础和学术特长来选择研究课题。这意味着申请人需要有清晰的个人学术定位，对自身的研究能力和专业知识有深入的理解。

3.课题命名。课题名称应表述规范、准确、简洁，避免引起歧义或争议。

4.课题的创新性和科学性。申请人应充分论证课题的创新性和科学性，包括新颖的研究角度、创新的研究方法以及研究的理论或实际价值。

5.预期研究成果。在申请书中应明确预期的研究成果，包括理论贡献、实践贡献等。

6.项目类别和资助额度。根据项目的研究需求和个人情况选择合适的项目类别，如规划基金项目、青年基金项目、自筹经费项目和专项任务项目。

7.申报学科范围。确保课题选题在规定的学科范围内。

8.支持西部和边疆地区高校人文社会科学研究的发展。西部和边疆地区的高校申请人可以优先考虑申报西部和边疆地区项目、新疆项目、西藏项目。

总的来说，课题选题的论证过程应充分考虑课题的重要性、可行性和预期成果等方面，以提高项目申请的成功率。

从 AI 的回答中可以看出，教育部人文社科项目不设申报指南（专项任务项目除外），申请人可根据自身研究基础和学术特长，在坚持正确的政治方向、价值取向、研究导向的基础上自拟选题进行申报。该项目的申报公告内容比较简单。值得一提的是，国家社会科学基金项目和省级社会科学项目都是限项申报，而该项目不限项，可见该项目的包容性较强，给申请人尽可能多的选择权和自主研究的空间。

三、省级社会科学规划研究项目

全国各省、自治区、直辖市哲学社会科学工作办公室均会组织申报各省、自治区、直辖市的社会科学规划研究项目，即省级社会科学规划研究项目（以下简称省级社科项目）。对于年轻的高校教师或科研工作者而言，获批省级社科项目能够获得学术研究的信心，也能够为申报诸如教育部人文社科项目、国家社会科学基金项目等高级别社科项目建立研究基础，积累研究经验，所以年轻学者应对此级别的项目给予高度重视。

本小节以山东省社会科学规划研究项目为例，分析省级社科项目的申报要求。

提问：

以下是从《2023 年度山东省社会科学规划研究项目申报公告》中截取的部分内容。

###

可根据自己的需求从申报公告中复制相关内容并粘贴到此处。此处，笔者将该公告里的前三部分（指导思想、选题要求、项目类别）进行了复制、粘贴。

###

请帮我分析山东省社科项目的要求，申请人在进行课题选题论证时需要注意哪些要点？

回答：

从《2023 年度山东省社会科学规划研究项目申报公告》中可以总结出以下课题选题论证时需要注意的要点。

1. 指导思想。项目选题应以习近平新时代中国特色社会主义思想为指导，遵循党的二十大精神，以及习近平总书记对山东工作的重要指示。申请人应深入理解上述指导思想，并将它们体现在课题的设计和研究中。

2. 研究导向。项目选题应具有明确的政治方向、研究导向和价值取向。项目研究应能体现时代特征，具有问题意识和创新意识，能产出高水平的研究成果。

3. 基础研究与应用研究。项目要均衡重视基础研究与应用研究。基础研究应聚焦学术前沿和学科发展，推动学科体系、学术体系、话语体系的建设和创新，力求具备原创性、开拓性和较高的学术思想价值。应用研究则应关注经济社会发展中的重大实际问题，研究成果应具有现实性、针对性和较强的决策参考价值。

4. 课题命名。课题的名称应当科学、严谨、规范、简明，通常不加副标题。

5. 项目类别。山东省社科规划研究项目分为重点项目、一般项目、青年项目和专项项目。申请人需要根据自己的情况和研究课题的性质选择适当的项目类别进行申报。

6. 选题设计。在设计研究课题时，申请人应根据《2023 年度山东省社会科学规划研究项目课题指南》规定的研究范围和方向，选择不同的研究角度、方法和侧重点，或者根据自己的学术专长和研究兴趣，结合山东省及国家的经济社会发展情况，自行设计具体题目。

总的来说，进行课题选题论证时需要紧扣中国特色社会主义现代化建设的实际需求，贴近经济社会发展的重大问题，着力提升研究的理论深度和实践价值，同时要尽可能体现原创性和创新性。

结合 AI 的回答可以看出，一般而言，省级社科项目包括重点项目、一般项目、青年项目和专项项目，课题申报总的指导方向与国家社会科学基金项目的指导方向大体一致，但更聚焦，会从本省级行政区域的角度出发，鼓励和支持学者发现和解决重要的理论问题和社会现实问题，所以研究对象的范畴往往比较聚焦，或者说，在课题题目上申请人所在的省级行政区域名称往往成为出现频率较高的限定词。

第二节　申报材料——申请书及活页的介绍

对于一般的课题（后期资助类项目除外）申报而言，申请书和活页是课题申报的重要材料（有些项目要求两者都有，有些项目只要求撰写申请书），课题评审专家主要通过申请书和活页来判断拟申报课题的创新性和可行性，所以申请书及活页的填写质量直接决定着拟申报课题是否能获批立项。不同课题的申请书及活页在内容上略有不同，因国家社会科学基金项目和省级社会科学项目的申请书及活页差别较小，所以此处主要介绍国家社会科学基金项目和教育部人文社科项目的申请书及活页。

一、国家社会科学基金项目的申请书及活页

（一）申请书

在国家社会科学基金项目申请书封面上，申请人需要填写"学科分类"。根据"填写说明"，此处需要填写一级学科名称，要严格按照给定的申报数据代码表里的一级学科来填写，如表 1-1 所示。

表 1-1 2023 国家社会科学基金项目学科分类

学科		
马列・科社	社会学	中国文学
党史・党建	人口学	外国文学
哲学	民族问题研究	语言学
理论经济学	国际问题研究	新闻学与传播学
应用经济学	中国历史	图书馆・情报与文献学
统计学	世界历史	体育学
政治学	考古学	管理学
法学	宗教学	

申请书的第二页是“申请人承诺”和“填写说明”，如图 1-1 所示。申请人打印好申请书之后，一定不要忘记在此页的“申请人承诺”中“申请人（签章）”后签名。另外，“填写说明”非常重要，申请人在填写时应逐条逐句认真阅读。

申请人承诺：

我承诺对本申请书填写内容的真实性负责，保证没有知识产权争议。如获准立项，我承诺以本申请书为有法律约束力的立项协议，遵守全国哲学社会科学工作办公室的相关规定，按计划认真开展研究工作，取得预期研究成果。全国哲学社会科学工作办公室有权利使用本申请书的所有数据和资料。若填报失实或违反规定，本人愿承担全部责任。

申请人（签章）

年　月　日

填 写 说 明

一、《申请书》请用计算机填写，所用代码请查阅《国家社会科学基金项目申报数据代码表》，所有表格均可加行加页，排版清晰。

二、封面上方两个代码框申请人不填，其他栏目请用中文填写，其中“学科分类”填写一级学科名称，“课题名称”一般不加副标题。

三、《数据表》的填写和录入请参阅《填写数据表注意事项》，相关问题可咨询当地社科管理部门。

四、《课题论证》活页与《申请书》中“表二. 课题设计论证”内容略有不同，请参阅表内具体说明。

五、《申请书》纸质版报送一式 3 份，统一用 A3 纸双面印制、中缝装订。各省（区、市）报送当地社科管理部门，新疆生产建设兵团报送兵团哲学社会科学规划办公室，在京中央国家机关及其直属单位报送中央党校（国家行政学院）科研部，在京部属高等院校报送教育部社科司，中国社会科学院报送本院科研局，军队系统（含地方军队院校）报送全军哲学社会科学规划办公室。

图 1-1　申请人承诺及填写说明

申请书共分为七大部分，分别为数据表、课题设计论证、研究基础、经费概算、申请人所在单位审核意见、省级社科规划管理部门或在京委托管理机构审核意见和评审意见。由申请人填写的主要是前四个部分。下面分别介绍这四个部分。

1. 数据表

数据表需要填写的是拟申请课题的相关基本信息，包括申请课题名称、关键词、项目类别、学科分类、研究类型、课题负责人及课题组成员的基本信息、预期成果类型及字数、申请经费、计划完成时间等，如图 1-2 所示。在填写这些基本信息时，申请人须认真阅读"填写数据表注意事项"，在注意事项中能够找到数据表相关内容的填写要求，有的申请人没有逐条逐句阅读注意事项，犯了低级错误，导致课题申请失败，这就十分可惜。值得注意的事项如下。

（1）课题名称一般不加副标题，且不超过 40 个汉字（含标点符号）。

（2）关键词最多不超过 3 个，词与词之间空一个汉字字符。

（3）数据表中的"学科分类"填写的是二级学科代码及名称，这与封面上的"学科分类"不同，封面上填写的是一级学科名称。

（4）课题组成员必须是真正参与本课题研究的人员，不含课题负责人，也不包括科研管理、财务管理、后勤服务等方面人员。

（5）预期成果的字数以"千字"（中文字符）为单位，而不是以"万字"为单位，这里要格外注意。

（6）结项成果原则上须与预期成果一致，因此预期成果的形式一定要考虑清楚。

（7）预期成果形式可填多项，但最好不要填太多。例如，填了"专著"，就无须再填"研究报告"，若两个都填，那么结题时就要同时提交专著和研究报告，这无形中提高了结题的难度。

（8）申请经费以"万元"为单位，填写阿拉伯数字。申请公告中已明确说明国家社科基金项目的资助额度为"重点项目 35 万元，一般项目和青年项目 20 万元"，此处应填"35"或"20"，而不是"35 万"或"20 万"。

（9）公告中也规定了国家社科基金项目的完成时限：基础理论研究一般为 3～5 年，应用对策研究一般为 2～3 年，申请人可据此填写计划完成时间，研究时间跨度不可太长，也不可太短。例如，用 1～2 年完成基础理论研究，未免不太现实，如果已经做了一部分研究，那么可在完成全部内容 80% 的时候申请国家社会科学后期资助项目。

（10）填写课题组成员信息需要征求成员本人的同意，并让其在打印出来的纸质申请书上签字。按照课题申报公告的规定，申请人同年度只能申报一个国家社科基金项目，且不能作为课题组成员参与其他国家社科基金项目的申请。课题组成员同年度最多参与两个国家社科基金项目的申请。在研国家级项目课题组成员最多参与一个国家社科基金项目的申请。这一说明非常重要，申请人在组建课题组时一定要高度重视，尽早与自己特别想邀请的和拟申请课题密切相关的、能够为课题研究助力的学者取得联系，并征求对方的同意。

一、数据表

课题名称								
关键词								
项目类别	A.重点项目 B.一般项目 C.青年项目 D.一般自选项目 E.青年自选项目							
学科分类								
研究类型	A.基础研究 B.应用研究 C.综合研究 D.其他研究							
课题负责人		性别		民族		出生日期		年 月 日
行政职务		专业职称			研究专长			
最后学历		最后学位			担任导师			
工作单位					联系电话			
身份证件类型		身份证件号码			是否在内地（大陆）工作的港澳台研究人员			（是/否）

	姓名	出生年月	专业职称	学位	工作单位	研究专长	本人签字
课题组成员							

预期成果		A.专著 B.译著 C.论文集 D.研究报告 E.工具书 F.电脑软件 G.其他				字数（千字）	
申请经费（单位：万元）			计划完成时间			年 月 日	

图 1-2　数据表

2. 课题设计论证

课题设计论证部分是申请书中最重要的部分，包括选题依据、研究内容、创新之处、预期成果和参考文献,如图 1-3 所示。该部分内容与活页内容有着较大的重叠,但是并不完全一致,不可将该部分内容直接复制到活页里。申请书的"填写说明"已对此作了说明:"《课题论证》活页与《申请书》中'表二 课题设计论证'内容略有不同,请参阅表内具体说明。"课题设计论证这部分内容相当重要,它直接决定着课题申请的成败。在撰写这部分内容时,申请人须按照本部分的填写说明逐条进行论证,需要格外注意哪些需要略写、哪些需要详写。比如,选题依据的研究价值部分,不能只简单写出课题的研究价值,而应写出"本课题相对于已有研究的独到学术价值和应用价值等,特别是相对于国家社科基金已立同类项目的新进展"。另外,申请人应以当年度的申请书为准,切不可直接使用往年的申请书,因为有可能当年度的申请书的个别地方发生了变动,若仍然按照往年的填报说明进行填写就会让课题评阅人认为申请人的态度不端正或做事不够严谨。所以,当每年的课题申报公告发布之后,要下载最新的申请书和活页,逐字逐句研读申请书和活页的"空表",彻底弄明白后再进行填写。

> **二、课题设计论证**
>
> 本表参照以下提纲撰写,要求逻辑清晰,主题突出,层次分明,内容翔实,排版清晰。
>
> 1. [选题依据] 国内外相关研究的学术史梳理及研究动态(略写);本课题相对于已有研究的独到学术价值和应用价值等,特别是相对于国家社科基金已立同类项目的新进展。
> 2. [研究内容] 本课题的研究对象、框架思路、重点难点、主要目标、研究计划及其可行性等。(框架思路要列出研究提纲或目录)
> 3. [创新之处] 在学术思想、学术观点、研究方法等方面的特色和创新。
> 4. [预期成果] 成果形式、使用去向及预期社会效益等。(略写)
> 5. [参考文献] 开展本课题研究的主要中外参考文献。(略写)

图 1-3 课题设计论证

3. 研究基础

研究基础是申请书中另一个重要的内容,尤其是前期成果部分,评阅专家会根据研究基础来判断拟申报课题的可行性和申请人的研究能力及其对该申报课题的驾驭能力。研究基础部分包括学术简历、前期成果、承担项目、与已承担项目或博士论文的关系四个方面,每一方面都有撰写提示,如图 1-4 所示,申请人须按照撰写提示认真填写。值得注意的是,研究基础部分最下方的填写说明:"前期相关代表性研究成果限报五项,成果名称、形式(如论文、专著、研究报告等)须与课题论证活页相同，活页中不能填写的成果作者、发表刊物或出版社名称、发表或出版时间等信息要在本表中加以注明；与本课题无关的成果不能作为前期成果填写；合作者注明作者排序。"这段说明非常重要，规定了最多填写五项前期相关代表性研究成果，这就要求申请人从自己的前期研究成果中挑选出与拟申报课题关联度最紧密的、最具有代表性的五项研究成果，而且是申请人自己的前期研究成果，不能是课题组其他成员（与课题申请人合作的除外）的前期研究成果。在填写时，申请人须按照重要程度对这不超过五项的代表性成果进行排序。还需注意的是，项目不要写到前期成果中，前期成果的形式包括论文、专著、研究报告等，如果是和他人共同完成的成果要注明申请人在合作中的排序。另外，课题申报公告中指出："凡以博士学位论文或博士后出站报告为基础申报国家社科基金项目，须在申请书中注明所申请项目与学位论文或出站报告的联系和区别，并承诺在学位论文或出站报告基础上进行实质性修改，预期成果与学位论文或出站报告的重复比例不得超过 60%。"这说明国家社科基金项目允许申请人基于自己的博士学位论文或博士后出站报告进行申报，但是一定要写清楚拟申请课题与它们的区别，要保证结题时提交的结题成果与它们的重复比例低于 60%，这其实就是要求所申报项目是学位论文或出站报告的后续研究，而不是对学位论文或出站报告的简单修改。

三、研究基础

本表参照以下提纲撰写，要求填写内容真实准确。

1. [**学术简历**] 申请人的主要学术简历、学术兼职，在相关研究领域的学术积累和贡献等。

2. [**前期成果**] 申请人前期相关代表性研究成果、核心观点及社会评价等。

3. [**承担项目**] 申请人承担的各级各类科研项目情况，包括项目名称、资助机构、资助金额、结项情况、研究起止时间等。

4. [**与已承担项目或博士论文的关系**] 凡以各级各类项目或博士学位论文（博士后出站报告）为基础申报的课题，须阐明已承担项目或学位论文（报告）与本课题的联系和区别。（略写）

图 1-4　研究基础

4. 经费概算

2023 年度国家社科基金课题申报公告中的经费概算部分与以往相比做了明显的简化，如图 1-5 所示，表明课题组在使用课题经费时比以前有了更大的自由度。该变化的目的是既要让每分钱花在刀刃上，让经费真正用于科学研究的实际开展上，用于党和国家关心的重大理论和现实问题的解决上，又要为科研工作者减轻科研经费使用和报销的难度，减少对相关必要经费开支的束缚。需要注意的是，申请人在填写该部分内容时，要先认真阅读《国家社会科学基金项目资金管理办法》（财教〔2021〕237 号），然后按照该办法来填写相关的金额。还要注意，此处金额单位为"万元"，间接费用一般按照申请经费总额的 40% 填写。

四、经费概算

	序号	经费开支科目	金额（万元）
直接费用	1	业务费	
	2	劳务费	
	3	设备费	
间接费用			
合计			

注：经费开支科目参见《国家社会科学基金项目资金管理办法》（财教〔2021〕237 号）。

图 1-5　经费概算

（二）活页

如图 1-6 所示，国家社会科学基金项目课题论证活页由六部分组成，与申请书的第二部分"课题设计论证"相比，多了一项内容"研究基础"，而活页中的"研究基础"与申请书中第三部分的"研究基础"不同，此处的研究基础仅要求写出"申请人前期相关代表性研究成果、核心观点等"，且规定只填成果名称、成果形式（如论文、专著、研究报告等）、作者排序、是否核心期刊等，不得填写作者姓名、单位、刊物或出版社名称、发表时间或刊期等信息，同时规定申请人承担的已结项或在研项目、与本课题无关的成果等均不能作为前期成果。

国家社会科学基金项目课题论证活页

课题名称：

本表参照以下提纲撰写，要求逻辑清晰，主题突出，层次分明，内容翔实，排版清晰。除"研究基础"外，本表与《申请书》表二内容一致，总字数不超过7000字。

1. [选题依据]　国内外相关研究的学术史梳理及研究动态（略写）；本课题相对于已有研究的独到学术价值和应用价值等，特别是相对于国家社科基金已立同类项目的新进展。

2. [研究内容]　本课题的研究对象、框架思路、重点难点、主要目标、研究计划及其可行性等。（框架思路要列出研究提纲或目录）

3. [创新之处]　在学术思想、学术观点、研究方法等方面的特色和创新。

4. [预期成果]　成果形式、使用去向及预期社会效益等。（略写）

5. [研究基础]　申请人前期相关代表性研究成果、核心观点等。（略写）

6. [参考文献]　开展本课题研究的主要中外参考文献。（略写）

说明：　1. 活页文字表述中不得直接透露个人信息或相关背景资料，否则取消参评资格。

2. 课题名称要与《申请书》一致，一般不加副标题。前期相关代表性研究成果限报5项，只填成果名称、成果形式（如论文、专著、研究报告等）、作者排序、是否核心期刊等，**不得填写作者姓名、单位、刊物或出版社名称、发表时间或刊期**。申请人承担的已结项或在研项目、与本课题无关的成果等不能作为前期成果填写。申请人的前期成果不列入参考文献。

图 1-6　课题论证活页及说明

需要特别提及的是，课题论证活页有"课题名称"一项，每年都有申请人漏填该项，这种低级又十分致命的硬伤性失误一定要避免。

二、教育部人文社科项目的申请书

教育部人文社科项目的申请书叫"申请评阅书"，采用全程网络申报和评审的模式，无纸化申报，申请人无须报送纸质申报材料，待立项公布后，已立项项目才需提交1份带有负责人及成员签名、责任单位盖章的纸质版申报材料。该申请评阅书分为A表和B表，B表中不得出现申请人个人身份信息，无单独的活页，实际上是综合了传统的申请书和活页，对申请人来说操作起来更方便。

教育部人文社科项目申请评阅书的封面上需要填写学科门类，填表说明里对此进行了说明，指出可填写的学科门类共计25种，如表1-2所示。

▼ 表1-2　教育部人文社科项目学科分类

学　科		
马克思主义/思想政治教育	考古学	教育学
哲学	经济学	心理学

续表

学　　科		
逻辑学	管理学	体育学
宗教学	政治学	统计学
语言学	法学	港澳台问题研究
中国文学	社会学	国际问题研究
外国文学	民族学与文化学	交叉学科 / 综合研究
艺术学	新闻学与传播学	
历史学	图书馆、情报与文献学	

（一）A 表填写

在填写教育部人文社科项目申请评阅书时，有四部分内容需要申请人在申请评阅书文档里点击相应的按钮进行填写，如图 1-7 所示，分别是项目基本信息、申请人基本信息、课题组成员信息和经费预算，填写完毕后相应信息自动出现在申请评阅书的相应部分，并呈灰色显示，申请人无法对此进行修改。若想修改，必须再次点击这些按钮才能进行后续操作。

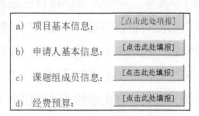

图 1-7　基本信息填报按钮

1. 项目基本信息

项目基本信息部分如图 1-8 所示，项目类别包括三种，分别是基础研究、应用研究和试验研究。该部分对试验发展做了说明，试验发展是利用从科学研究、实际经验中获取的知识和研究过程中产生的其他知识，开发新的产品、工艺或改进现有产品、工艺而进行的系统性研究。在人文社科领域，这一类别较为少见。但是因为该项目设立了"交叉学科 / 综合研究"这一学科门类，所以在研究类别中专门设立了"试验发展"这一选项。根据申报公告里的说明，研究期限为三年，所以申请人在填写"计划完成时间"时，需要以此为依据。

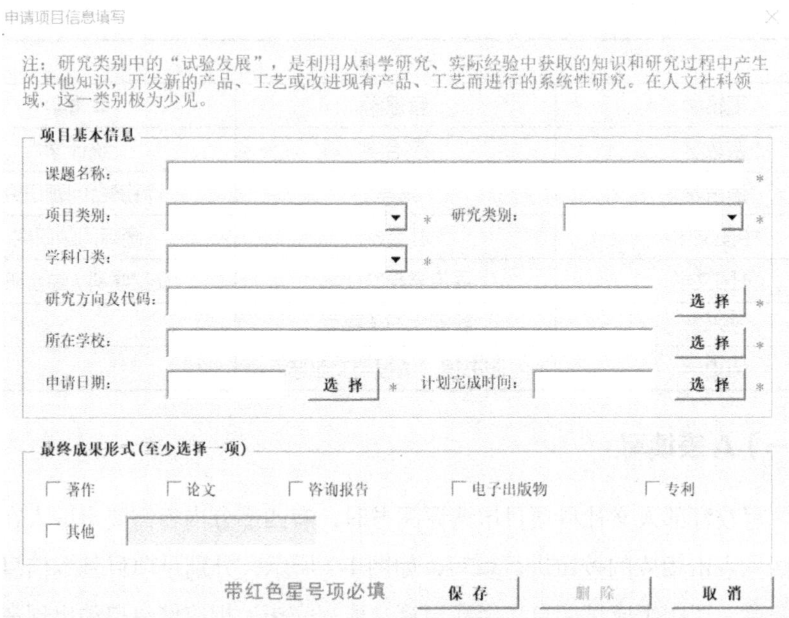

申请项目信息填写　　　　　　　　　　　　　　　　　　　　　　　　　　　　✕

注：研究类别中的"试验发展"，是利用从科学研究、实际经验中获取的知识和研究过程中产生的其他知识，开发新的产品、工艺或改进现有产品、工艺而进行的系统性研究。在人文社科领域，这一类别极为少见。

项目基本信息

课题名称：＿＿＿＿＿＿＿＿＿＿＿＿＿＿＿＿＿＿＿＿＿＿＿＿＿　＊

项目类别：＿＿＿＿＿＿＿＿＿▼　＊　研究类别：＿＿＿＿＿＿＿＿▼　＊

学科门类：＿＿＿＿＿＿＿＿＿▼　＊

研究方向及代码：＿＿＿＿＿＿＿＿＿＿＿＿＿＿＿＿＿　　选 择

所在学校：＿＿＿＿＿＿＿＿＿＿＿＿＿＿＿＿＿　　选 择

申请日期：＿＿＿＿＿＿＿　选 择　＊　计划完成时间：＿＿＿＿＿＿＿　选 择　＊

最终成果形式（至少选择一项）

☐ 著作　　☐ 论文　　☐ 咨询报告　　☐ 电子出版物　　☐ 专利

☐ 其他　＿＿＿＿＿＿＿＿＿＿＿＿

带红色星号项必填　　保 存　　删 除　　取 消

图 1-8　项目基本信息

2. 申请人信息

申请人信息部分如图 1-9 所示，申请人须明确自己是否有申请资格，千万不要把申请评阅书写完才发现自己没有资格申报，做无用功。根据申报公告的规定，该项目限全国普通高等学校申报，所以申请人须为在编在岗教师，能够切实承担和组织具体的研究工作，每个申请人限报一项。规划基金项目申请人应具有高级职称（含副高），青年基金项目申请人应具有博士学位或中级以上（含中级）职称，年龄不超过 40 周岁。申请评阅书的申请人信息部分设有"申请者本人近三年来主要研究成果"这一项，如图 1-10 所示，需要填写申请人近三年来取得的主要研究成果，但是并没有要求该成果必须是与拟申报课题密切相关的前期研究成果，申请人在填写时需要注意这一差别，此处可以将申请人近三年来取得的所有主要的研究成果都列出，但注意总字数不超过 800 字。另外，申请人承担的项目信息不要写到此处，应在"申请者作为负责人承担省级以上社科研究项目情况以及完成情况"部分列出项目信息，此处并没有注明"近三年来"，这一点需要申请人格外注意。

申请人信息填写 ×

申请人信息

姓 名：		* 性 别： [▼] *
身份证号：		* 出生日期： *
所在部门：		* 职 称： [▼]
最后学历： [▼]	* 最后学位： [▼]	职 务：
通讯地址：		* 外语语种： *
E-Mail：		* 邮 编： *
固定电话：		手 机： *

如申请人无E-Mail、手机请填写项目联系人的E-Mail、手机，以便于我们与您取得及时的联系。

带红色星号项必填　　保 存　　删 除　　取 消

图1-9　申请人信息

申请者作为负责人承担省级以上社科研究项目情况以及完成情况			
项目来源类别	课题名称（项目编号）	批准时间	是否完成
申请者本人近三年来主要研究成果（注明刊物的年、期或出版社、出版日期，限800字）			

图1-10　申请人承担的项目情况及近三年来主要研究成果

3. 课题组成员信息

课题组成员信息部分如图1-11所示格外强调了此处填写的是除了课题负责人之外的课题组成员，对成员的职称和年龄不作限制，没有成员也可不写，但一般而言，课题研究需要团队合作才能更好地开展，何况是一项高级别项目，所以需要填写一定数量的课题组成员，但最多不超过9人。需要指出的是，申请人须征询每位课题组成员的同意后方能将其信息填入表格里，否则视为违规申报。在实际申报中，的确出现过申请人没有征求成员的同意就将其名字写到申请评阅书中，或者以前申报时征求过成员的意愿而本次申报就想当然地认为已经征求过对方意愿就无须再询问，上述做法是不对的，均会被视为违规申报。与国家社会科学基金项目申请书不同的是，该申请评阅书设有课题组成员"近三年来与本课题有关的主要研究成果"一项，如图 1-12 所示。也就是说，允许课题组成员写出近三年来的研究成果，但应是与本课题有关的主要研究成果，这一点与对申请人近三年主要研究成果部分的要求有明显不同，所以要求申请人在组建课题团队时要考虑课题组成员的前期科研成果，特别是近三年来与本课题有关的科研成果。此处限填 800 字，如果课题组成员与本课题有关的前期研究成果较少，自然也不合适，这在一定程度上说明课题组成员的科研能力或对本课题的关注度可能还需进一步提高。

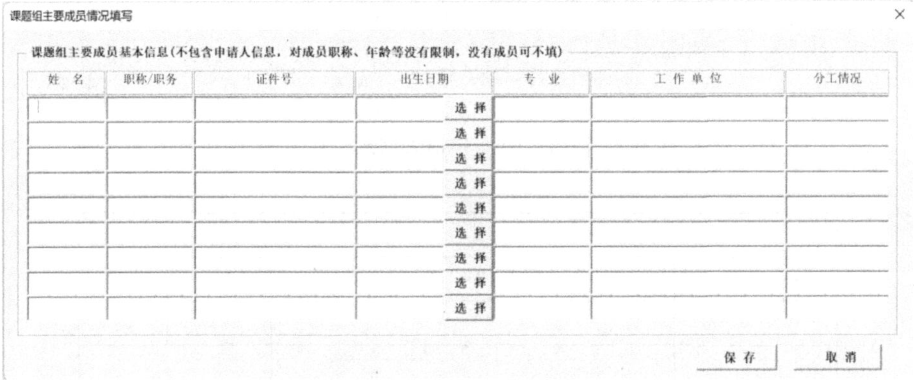

图 1-11　课题组成员信息

> 申请者本人近三年来主要研究成果（注明刊物的年、期或出版社、出版日期，限 800 字）

图 1-12　课题组成员近三年来与本课题有关的主要研究成果

4. 经费预算

经费预算部分如图 1-13 所示，根据申报公告里的说明，规划基金项目的资助经费不超过 10 万元，青年基金项目的资助经费不超过 8 万元，自筹经费项目的经费由申请人从校外有关部门或企事业单位自筹，自筹经费不低于 8 万元。自筹经费项目申请人须在"其他来源经费"处填写自筹经费数额，并上传学校财务处提供的委托研究单位经费到账凭证或银行回单等证明材料。

经费预算填写   ×

申请经费总额：　　　　万元 *　　　　　　　其他来源经费：　　　　　　万元

申请经费预算（单位：万元，总额=直接费用+间接费用）

类别	金额(万元)	说明	填报说明
直接费用合计			
业务费			指在项目研究过程中购置图书、收集资料、复印翻拍、检索文献、采集数据、翻译资料、印刷出版、会议、差旅、国际合作与交流等费用，以及其他相关支出。
劳务费			指在项目实施过程中支付给参与研究的研究生、博士后、访问学者、聘用的研究人员、科研辅助人员等的劳务性费用，以及支付给临时聘请的咨询专家的费用等。
设备费			指在项目研究过程中购置设备和设备耗材、升级维护现有设备及租用外单位设备所发生的费用，应当合理购置设备，鼓励共享、租赁及对现有设备进行升级改造。
间接费用			不超过经费总额的40%
其中外拨金额（直接与间接费用中包含的外拨额合计）			外协单位资质、承担的研究任务

申请经费年度预算(不含其他来源经费)

2022年　　　　万元 *　　2023年　　　　万元 *　　2024年　　　　万元 *

带红色星号项必填　　　保 存　　　删 除　　　取 消

图 1-13　经费预算

（二）B 表填写

B 表如图 1-14 所示，除基本信息外，还包含四项重要内容，也是申请评阅书的主体部分，分别是"本课题研究的理论和实际应用价值，目前国内外研究的现状和趋势""本课题的研究目标、研究内容、拟突破的重点和难点""本课题的研究思路和研究方法、计划进度、前期研究基础及资料准备情况""本课题研究的中期成果、最终成果，研究成果的预计去向"。这些内容与国家社会科学基金项目申请书的主体部分虽在具体文字表述上略有不同，但内容大同小异。不过两者也有不同之处。例如，前期研究基础均须填写与本课题有关的前期成果，但此处没有像国家社会科学基金项目申请书那样明确指出只能填写五项前期成果。关于此处的填写，申请人可以认真阅读申报公告里提供的附件"××年度教育部人文社会科学一般项目申报常见问题释疑"，里面对此做了相关解释："为保证评审专家能够充分了解申请课题的研究基础，同时保证评审的公正，《申请评阅书》B 表可以出现申请人已发表文章的期刊名称、文章题目及作为负责人主持承担的课题名称，但不得出现本人所在单位、姓名等个人身份信息。"该说明与国家社会科学基金项目申请书在前期基础部分的相关说明还是有一定差别的，申请人须仔细研究。

B 表（自此往下不得出现申请人个人身份信息，否则申请书作废！）

课题名称	
研究方向及代码	
研究类别		计划完成时间	
最终成果形式	
申请经费总额(万元)		其他来源经费(万元)	
一、本课题研究的理论和实际应用价值，目前国内外研究的现状和趋势（限2页，不能加页）	
二、本课题的研究目标、研究内容、拟突破的重点和难点（限2页，不能加页）	
三、本课题的研究思路和研究方法、计划进度、前期研究基础及资料准备情况（限2页，不能加页）	
四、本课题研究的中期成果、最终成果，研究成果的预计去向（限800字）	

图 1-14　《申请评阅书》B 表

　　在填写 B 表时，申请人还需注意，该表各部分并未规定限填字数，但是规定了限填页数，申请人可据此通过调整字号、行间距等来灵活填写，但要注意排版美观。

　　申请人填写完 A 表和 B 表，需要点击申请评阅书最后的"检查填报内容并保护文档"按钮，检查完成并通过后，在申请评阅书最上方出现"你现在可以上传申请书"字样，才表示可在申报网站上传申请评阅书。

第 2 章

AI 辅助寻找选题

　　综观各级课题申报公告可以看出，绝大多数课题申报给出了课题申报指南，且其选题条目分为具体条目选题和方向性条目选题。对具体条目选题的申报，申请人可选择不同的研究角度、方法和侧重点，也可对选题的文字表述进行适当修改或直接按该选题条目进行申报。方向性条目选题只规定研究范围和方向，申请人要据此自行设计具体题目，不可将该选题条目直接作为课题题目。2023 年国家社会科学基金项目申报指南中新增的综合性选题即类似于方向性条目选题，而各学科选题类似于具体条目选题，可直接作为课题题目申报，也可进行适当修改。笔者以 2023 年国家社会科学基金年度项目申报为例，具体介绍如何围绕申报指南，借助 AI 寻找拟申报课题的选题。

第一节　借助 AI 寻找综合性选题的申报题目

如前所述，2023 年国家社会科学基金项目首次设立了综合性选题，综合性选题只明确研究主题、范围和方向，申请人须立足选题要求，从不同学科领域、不同研究视角自拟题目进行申报，不得将选题直接作为申报题目。综合性选题申报时，须明确一个主要学科作为申报学科。针对综合性选题，可以采取整体性提问和针对性提问两种提问方式，目的是从综合性选题中挖掘与本学科领域有关的更微观的选题。

一、借助 AI 基于 SRGCD 模型整体性寻找综合性选题的申报题目

正如笔者在本书"序"中指出的，课题申报是 AI 众多应用场景中的一种，而且是较为高端的一种，所以在使用 AI 进行提问时，需要综合使用各种提问模型，以提高提问质量。

SRGCD 模型，即"情境（Scene）- 角色（Role）- 目标（Goal）- 条件（Condition）- 调试（Debug）"模型，要求提问者在提问时设定具体的提问情境，为 AI 设定具体的角色，指定明确的提问目标，并设定指向性较强的提问条件，经过多次调试后，得到能够给申请人较大启发的答案。

此处，笔者以 2023 年度国家社会科学基金项目综合选题的第 21 条选题为例，具体介绍使用 SRGCD 模型进行整体性提问的方法和技巧。

参考选题：21. 中国式现代化进程中的共同富裕问题研究

提问句型：我是一名高校教师，已工作【填入工作年限】，职称为【填入职称】，目前【没有承担 / 正在主持】【某级别】课题，【参与 / 主持过教育部课题，课题围绕某主题展开】，我的专业是【填入相应的专业】，我的研究方向是【填入相应的方向】，我来自【大学 / 科研机构 / 其他机构】，

你将扮演课题同行评议专家角色。目前我正在准备申报【国家社会科学基金项目 / 教育部人文社会科学项目 / 某省社会科学规划项目】的【年度重点项目 / 年度一般项目 / 年度青年项目】，需要你的指导、协助和建议。课题申报指南中有综合性选题指南，我对其中的【指南中的具体条目】很感兴趣，但是，综合性选题只明确研究主题、范围和方向，申请人须立足选题要求，从不同学科领域、不同研究视角自拟题目进行申报，不得将选题直接作为申报题目。你能告诉我，结合我的专业、研究方向、研究基础等信息，我可以申报哪些具体的题目吗？

　　解析： 在上述提问句型中，笔者为 AI 设定了具体的角色——课题同行评议专家，设定了具体的情境——为申请人提供指导、协助和建议，设定了具体的条件——综合性选题，且设定了具体的目标——结合申请人的专业和研究方向提供建议。值得注意的是，为了得到更有价值和充足信息量的回答，要求申请人将自己的情况——专业、研究方向、研究基础等信息尽可能翔实地提供给 AI，以使其能够根据申请人的现有基础，围绕综合性选题，给出更细致的选题建议。

　　根据以上提问句型，用户可将【】里的内容换成个性化的内容，以下是一个具体案例。

提问：

　　我是一名高校教师，已工作【10 年】，职称为【副教授】，目前【没有承担】【国家级课题】，【但主持过省级社会科学规划项目，主要围绕 ×× 市非物质文化遗产保护与传承展开研究】，我的专业是【新闻传播学】，我的研究方向是【文化传播】，我来自【×××× 大学】。你将扮演课题同行评议专家角色。目前，我正准备申报【国家社会科学基金项目的年度一般项目】，需要你的指导、协助和建议。课题申报指南中有综合性选题指南，我对其中的【第 21 条 "中国式现代化进程中的共同富裕问题研究"】很感兴趣，但是，综合性选题只明确研究主题、范围和方向，申请人须立足选题要求，从不同学科领域、不同研究视角自拟题目进行申报，不得将选题直接作为申报题目。你能告诉我，结合我的专业、研究方向、研究基础等信息，我可以申报哪些具体的题目吗？

回答：

针对"中国式现代化进程中的共同富裕问题研究"这一综合性选题，你可以从文化传播的视角出发，结合自己的专业、研究方向、研究兴趣和研究基础，列出以下几个具体的课题题目。

1. 新闻传播视角下的中国式现代化进程中的共同富裕问题研究：基于国内主流媒体报道的内容分析。

2. 中国式现代化进程中的文化产业发展与共同富裕问题研究：以电影产业为例。

3. 基于社会网络分析的中国式现代化进程中的共同富裕问题研究：以新媒体为主要研究对象。

4. "一带一路"背景下的中国式现代化进程中的共同富裕问题研究：以"文化走出去"为切入点。

5. 中国式现代化进程中的城乡文化差异与共同富裕问题研究：基于对比分析的视角。

6. 媒介技术对中国式现代化进程中的共同富裕问题的影响研究：以短视频为主要研究对象。

这些具体的课题题目可以从不同的角度探讨"中国式现代化进程中的共同富裕问题"，你可结合自己的专业、研究方向和研究基础进行选择，这样可以更好地突出你的研究重点和特色。当然，在选择具体课题时，你需要进一步细化研究目标和方法，制定科学的研究方案，并注重创新性和实用性，以增强申报的可行性和竞争力。

根据国家社会科学基金项目课题申报要求，课题题目不允许使用副标题，不能出现冒号，因此，笔者进行了如下调试。

提问：

课题题目不能出现副标题，请再次列出可能的课题题目。

回答：

非常抱歉，我误解了你的问题。以下是可能的课题题目，不含副标题。

1. 中国式现代化进程中文化产业的发展与共同富裕问题研究。

2. 基于社交媒体的中国式现代化进程中的共同富裕问题研究。

3. 城乡移民与农民工的共同富裕问题研究。

4. 中国式现代化进程中非物质文化遗产保护与共同富裕问题研究。

5. 基于文化传播角度的中国式现代化进程中的共同富裕问题研究。

6. "一带一路"背景下中国式现代化进程中的共同富裕问题研究。

7. 大众传媒对中国式现代化进程中的共同富裕问题的影响研究。

8. 中国式现代化进程中的文化认同与共同富裕问题研究。

9. 中国式现代化进程中教育公平与共同富裕问题研究。

10. 中国式现代化进程中的创新驱动与共同富裕问题研究。

你可以结合自己的研究方向、研究兴趣和研究基础做进一步的选择和发挥，以凸显你的研究重点和特色。确定题目之后，你需要进一步细化研究目标和方法，制定科学的研究方案，并注重创新性和实用性，以增强申报的可行性和竞争力。

AI 的回答较为宽泛，还需要进一步追问，以下是笔者总结的调试追问句型。

> 追问句型：我的研究方向为【研究方向】，我的研究兴趣为【研究兴趣】，我的研究基础是【研究基础越详细越好，包括课题和论文等】。你能再结合我的研究方向、研究兴趣、研究基础，以及【某级别项目】所要求的【具体要求】，把上述选题再次细化吗？

根据这一追问句型，该案例可继续做如下追问。

提问：

我的研究方向是文化传播，我的研究兴趣是非物质文化遗产的数字化呈现与传播，我的研究基础是：主持了一项 ×× 市社会科学规划项目"京剧脸谱的数字化再造及数据库建设"和一项 ×××× 大学校级课题"×× 市大学生数字素养提升路径研究"。你能再结合我的研究方向、研究兴趣、研究基础，以及国家社会科学基金项目所要求的聚焦事关党和国家事业发展的重大理论和现实问题，把上述选题再次细化吗？

回答：

根据你的研究方向、研究兴趣、研究基础和国家社会科学基金项目要求，以下是我列出的具体课题题目，供你参考。

1. 非物质文化遗产数字化呈现与传播路径研究。

2. 基于数字技术的非物质文化遗产传承与创新。

3. 非物质文化遗产数字化保护与传承的制度设计。

4. 非物质文化遗产数字化传播与观众接受研究。

5. 中国传统文化数字化创新与传播的跨学科研究。

6. 基于数字媒体的非物质文化遗产文化传承模式研究。

7. 数字技术下的非物质文化遗产文化传承与社会发展研究。

8. 传统文化数字化与现代审美融合研究。

9. 基于数字技术的非物质文化遗产文化创意产业发展研究。

10. 数字技术助力非物质文化遗产文化传承的法律政策研究。

以上题目旨在细化你的研究方向和研究基础，同时符合国家社会科学基金项目要求，聚焦事关党和国家事业发展的重大理论和现实问题。希望这些题目能对你有所帮助。

以上回答远离了申请人为 AI 指定的综合性选题要求，可以再次进行调试，获取更满意的回答。

提问：

请将上述选题结合"中国式现代化进程中的共同富裕问题"进行考虑，提出新的选题建议。

回答：

好的，结合"中国式现代化进程中的共同富裕问题"，以下是可能的选题建议。

1. 数字技术助力非物质文化遗产文化在共同富裕中的作用研究。

2. 非物质文化遗产数字化创新与共同富裕理念的融合研究。

3. 非物质文化遗产数字化传播与共同富裕文化的传承研究。

4. 基于数字媒体的非物质文化遗产产业与共同富裕发展研究。

5. 数字技术助力非物质文化遗产创新创业的共同富裕路径研究。

6. 非物质文化遗产数字化保护与共同富裕法律政策的研究。

这些选题建议旨在将你的研究方向与"中国式现代化进程中的共同富裕问题"结合起来，聚焦事关党和国家事业发展的重大理论和现实问题，同时也符合国家社会科学基金项目要求。希望这些建议能对你有所帮助。

至此，AI 提供的选题题目初具形态，给出的选题建议是有效的。

> **小结：** 由上述提问和回答可以看出，使用 SRGCD 模型进行整体性提问，得到的回答整体看来是有一定参考价值的，能够为申请人带来一定的启发。但是如果想要得到更具参考和借鉴价值的回答，还需要结合课题选题类型进行有针对性的提问。

二、借助 AI 基于选题类型寻找综合性选题的申报题目

由上述内容可以看出，针对国家社会科学基金项目申报指南提供的综合性选题，利用 SRGCD 提问模型，AI 能够为申请人提供较有启发性的回答，但是回答还不够精准。而基于选题类型的针对性提问，主要是指先对课题选题的类型有基本认知，再针对不同的选题类型进行提问。

课题选题的类型有哪些呢？这要从课题题目的构成说起。通过对历年来国家社会科学基金立项项目进行分析，笔者发现，课题选题类型非常丰富，但一般是围绕限定词、研究对象和研究问题进行不同的组合。当然，对于课题题目而言，研究对象和研究问题是必不可少的，一般会在题目上体现出来；限定词不一定在题目中体现出来，但一般会要求围绕某个限定范围展开具体的研究。通过对众多立项题目的分析，笔者发现，限定词在题目中直接呈现出来的情况还是非常多的，可以说，对于一个课题选题来说，好的限定词也就体现了这个选题的创新性。

所谓限定词，指的是对研究对象进行限定，可以从时间、地点、范围、情境、理论等方面进行限定。限定词使研究对象和研究问题更加聚焦，同时也体现了申请

人的研究视角和研究创新，甚至体现了研究方法和研究价值等信息。课题选题的限定词是多元化的，可以是某一个情境，也可以是某一个理论、理念、区域、方法、模型、技术等。

根据限定词的不同，笔者将课题选题分为"新情境＋研究对象＋研究问题"型、"新理论＋研究对象＋研究问题"型、"新理念／思想＋研究对象＋研究问题"型、"新区域＋研究对象＋研究问题"型、"新方法＋研究对象＋研究问题"型、"新模型＋研究对象＋研究问题"型、"新学科＋研究对象＋研究问题"型、"新技术＋研究对象＋研究问题"型和"新对象＋研究问题"型等。

（一）"新情境＋研究对象＋研究问题"型

情境（Scene）指的是某一事件、现象或事物所处的背景和环境，包括时间、地点、人物、文化、社会、经济等各种因素。情境不是一个简单的环境背景，而是一个复杂的概念，包含了多种因素和变量，对于理解和解释某一事件、现象或事物的意义和影响具有重要的作用。在研究和分析问题时，考虑情境的因素能够帮助研究者更全面、深入地理解问题，并提出更加有效的解决方案。

以下是几个 2022 年国家社会科学基金立项课题的题目。

[1] 企业产品研发情境下知识协调的底层机理及优化模型研究（管理学，一般项目）。

[2] "双碳"目标情境下我国碳审计协同机制研究（应用经济学，一般项目）。

[3] 立体开发情境下三维土地产权范式及其实现机制研究（应用经济学，一般项目）。

[4] 数字化情境下生产性服务业与制造业融合的模式、机制与策略研究（应用经济学，一般项目）。

[5] 城市高质量发展情境下我国村改居社区融合性治理的实现路径研究（政治学，一般项目）。

[6] 混合式教学情境下高校外语教师情感形成机制及调节策略研究（语言学，一般项目）。

[7] 基于异构不确定情景的应急物资储备与供应体系规划研究（管理学，一般项目）。

[8] 旅游式学习背景下博物馆服务管理模式创新研究（管理学，一般项目）。

[9] 全球化语境下的罗伯特·潘·沃伦诗歌研究（外国文学，一般项目）。

[10] 全媒体时代"三国文化"英译模态重构与多维传播模式研究（语言学，一般项目）。

从上述课题题目可以看出，这些课题均立足于本学科或时代背景下的新情境，有的直接用"情境"一词，有的则用"情景""背景""语境""时代"等词语，虽然用词不尽相同，但实际上都指向一种新的情境，这也体现了学者们的创新发现和学术思考。这些新的情境体现了新需求、新动向重大议题和热点话题，课题选题的创新自在其中。

但是，AI 并不知道这种课题选题类型，接下来，笔者先将这一选题类型告知 AI[①]。

提问：

2022 年国家社会科学基金项目有以下立项课题。

\###

［1］企业产品研发情境下知识协调的底层机理及优化模型研究。

［2］"双碳"目标情境下我国碳审计协同机制研究。

［3］立体开发情境下三维土地产权范式及其实现机制研究。

［4］数字化情境下生产性服务业与制造业融合的模式、机制与策略研究。

［5］城市高质量发展情境下我国村改居社区融合性治理的实现路径研究。

［6］基于异构不确定情景的应急物资储备与供应体系规划研究。

\###

这些是"新情境＋研究对象＋研究问题"型课题选题，请问这一课题选题有怎样的特点？

---

① 在立项选题中采用这种类型的课题选题是很多的，此处仅举几例。在提问时，也不必将所有采用了此课题选题类型的选题都输入到 AI 中进行提问训练，选择几个具有代表性的即可。但是，如果例子中含有"背景""情境""情景"等都属于"新情境＋研究对象＋研究问题型"在"新情境"中常用的字眼，那就要在提问中尽量包含带有这些表述词的案例。

回答：

这些课题选题的共同特点是以新情境作为选题的起点，结合研究对象和研究问题，探讨新情境下的社会问题，研究具体问题的机理、模式、策略等方面，旨在为当前社会经济发展、政策制定、实践应用提供理论指导和实践参考。这种课题选题类型强调理论和实践的结合，注重问题的实践意义和解决路径，有一定的应用价值和实践指导意义。同时，这些课题选题还具有较强的时代性和前瞻性，与当前社会经济发展的趋势和政策导向密切相关。

解析： 从 AI 的回答可以看出，它已经"接受"了这一课题选题类型，并且对这一课题选题类型的特点进行了概括总结，指出这类课题选题以新的情境为起点，探讨的是新情境下出现的新问题，此类课题选题往往是理论与实践并重，注重结合新的情境来研究某一问题。出于对新情境的关注，且将新情境作为研究的起点，此类课题选题具有较强的时代性和前瞻性，此类课题选题的创新便在于此。

接下来，笔者要做的事情是在 AI 初步了解给定的课题选题类型之后，对 AI 进行追问，这也是对 AI 进行知识强化的过程。当然，这一步骤也能使申请人更好地了解自身是否能够驾驭这种课题选题类型，从而考虑自己是否能够使用这种课题选题类型，这也彰显了人机的协同合作、互相学习。

提问：

选择"新情境＋研究对象＋研究问题"型课题选题，通常要求申请人具备哪些能力和要求？

回答：

选择"新情境＋研究对象＋研究问题"型课题选题，通常要求申请人具备以下能力和要求。

1. 独立思考和探究问题的能力。这类课题选题需要申请人提出研究问题，并进行有针对性的深入探究和分析，所以申请人要具备独立思考和探究问题的能力。

2. 熟悉相关研究领域。选择这种课题选题需要申请人熟悉所研究的领域，掌握相关的理论、方法和研究进展，这样才能保证研究的深入和准确。

3. 良好的沟通和写作能力。研究需要与他人交流和合作，同时也需要向外界展示研究成果，因此申请人要具备良好的沟通和写作能力，能够清晰、准确地表达研究意图和成果。

4. 精益求精的工作态度。科研需要不断的探索和尝试，因此申请人要具备精益求精的工作态度，不断完善研究问题和方法，提高研究成果的质量和水平。

5. 良好的时间管理能力。研究需要耗费大量的时间和精力，因此申请人要具备良好的时间管理能力，合理安排研究计划和进度，确保研究进展顺利。

至此，基础工作已经做完，让 AI 了解了一种新的课题选题类型，同时将这一课题选题类型的特点和对申请人的要求告知申请人。接下来，要做的是借助 AI 从综合性选题中深入挖掘具体的选题点。

首先，针对自己感兴趣的综合性选题，借助 AI 来了解有哪些新的情境可以关注。

提问:

围绕"中国式现代化进程中的共同富裕问题"进行研究，目前，有哪些新的情境出现?

回答:

在围绕"中国式现代化进程中的共同富裕问题"进行研究的过程中，一些新的情境已经出现，主要包括以下几个方面。

1. 新发展阶段的出现。当前中国经济已经进入新的发展阶段，国家对于共同富裕问题越来越重视。在这一新情境下，可以研究中国在新发展阶段如何更好地实现共同富裕。

2. 技术创新的发展。当前，中国正在加速推进技术创新和数字化转型，这对于共同富裕问题的解决具有重要意义。在这一新情境下，可以研究技术创新如何推动共同富裕的实现，以及数字化转型对于共同富裕的影响。

3. 区域发展不平衡问题的存在。中国各地区发展水平不平衡，这对于共同富裕的实现带来了挑战。在这一新情境下，可以研究如何促进区域发展均衡，实现全国范围内的共同富裕。

4.人口老龄化问题的出现。中国人口老龄化的问题日益明显,这对于共同富裕的实现也带来了影响。在这一新情境下,可以研究人口老龄化对于共同富裕的影响,以及如何解决人口老龄化对共同富裕的影响。

其次,2023 年国家社会科学基金项目课题指南中的综合性选题,鼓励跨学科研究,因此,下面借助 AI,围绕综合性选题中的具体条目,针对自己感兴趣或密切关注的学科领域,进一步了解这个学科领域围绕该具体选题条目产生的一些新的情境。

提问:

围绕上述问题,在新闻传播领域有哪些新的情境出现?

回答:

在新闻传播领域,围绕"中国式现代化进程中的共同富裕问题"研究,出现了一些新的情境,包括以下几个方面。

1.新媒体传播的发展。随着新媒体的迅猛发展,传统媒体的传播方式正在发生变化。在这一新情境下,可以研究新媒体对于共同富裕的传播作用,以及如何通过新媒体实现共同富裕的宣传和推广。

2.大数据技术的应用。大数据技术的应用正在改变新闻传播的方式和效果。在这一新情境下,可以研究大数据技术在共同富裕问题解决中的应用,以及如何利用大数据技术提高共同富裕的效果。

3.舆情监测与分析。舆情监测与分析在新闻传播领域越来越受到重视。在这一新情境下,可以研究如何利用舆情监测和分析工具,了解社会公众对于共同富裕问题的态度和看法,以及如何根据舆情分析结果制定有效的传播策略。

4.传媒行业的自律机制。中国传媒行业的自律机制正在逐渐完善。在这一新情境下,可以研究传媒行业自律机制对于共同富裕问题的传播和引导作用,以及如何通过传媒行业自律机制加强共同富裕问题的传播和引导。

5.环保意识的普及。环境传播逐渐成为新闻传播领域的重要研究议题之一,与之相适应,公众的环保意识也在逐渐加强。在这一新情境下,可以研究如何通过环保宣传和教育,提高公众对于共同富裕与环保的认识和理解,以及如何通过环保宣传和教育实现共同富裕的目标。

最后，根据 2023 年国家社会科学基金项目课题指南中综合性选题的要求，申请人要落脚到某一个学科中进行申报，因此，申请人可以立足自己所在的学科领域，将上述了解到的在其他领域围绕指定选题条目出现的新情境，有针对性地向 AI 进行提问。

提问：

我是学社会学的，想做跨学科研究，对新闻传播领域出现的新情境比较感兴趣，根据"中国式现代化进程中的共同富裕问题"在新闻传播领域出现的新情境，请为我提供几个"新情境＋研究对象＋研究问题"型课题选题（选题题目不要出现副标题）。

回答：

好的，根据你的需求，我为你提供几个可能的选题，每个选题包含新情境、研究对象和研究问题。

新情境 1：短视频平台上的"带货"现象。

研究对象 1：短视频平台上的"带货"主播、消费者。

研究问题 1：短视频平台上的"带货"现象如何促进中国式现代化进程中的共同富裕？

新情境 2：社交媒体上的网络公益行动。

研究对象 2：社交媒体用户、参与网络公益行动的组织。

研究问题 2：社交媒体上的网络公益行动如何推动中国式现代化进程中的共同富裕？

新情境 3：网络新闻媒体的多元化发展。

研究对象 3：网络新闻媒体平台、用户。

研究问题 3：网络新闻媒体的多元化发展如何满足中国式现代化进程中的共同富裕的需求？

新情境 4：网络直播"带货"的流行。

研究对象 4：网络直播平台、主播、消费者。

研究问题 4：网络直播"带货"如何对中国式现代化进程中的共同富裕产生影响？

新情境 5：网络舆论场中的"打假"行动。

研究对象 5：网络用户、参与"打假"行动的组织。

研究问题 5：网络舆论场中的"打假"行动如何促进中国式现代化进程中的共同富裕？

由此可见，AI 的回答为申请人提供了非常有参考价值的新情境、研究对象和研究问题，有较强学术研究能力的学者已经可以从中发现值得研究的选题点，但是，对于学术能力一般的申请人来说，还需要 AI 给出具体的题目。

提问：

把以上分析形成选题题目。

回答：

好的，以下是根据你所提供的新情境、研究对象和研究问题形成的选题题目。

1. 短视频平台上的"带货"现象对中国式现代化进程中的共同富裕的影响研究。

2. 社交媒体上的网络公益行动如何推动中国式现代化进程中的共同富裕——以某一网络公益行动为例的研究。

3. 网络新闻媒体的多元化发展与中国式现代化进程中的共同富裕——以某一网络新闻媒体平台为例的研究。

4. 网络直播"带货"对中国式现代化进程中共同富裕的影响研究——以某一网络直播平台为例。

5. 网络舆论场中的"打假"行动对中国式现代化进程中共同富裕的促进作用研究——以某一"打假"行动为例。

国家社会科学基金项目申报不允许题目中出现副标题，因此，可以继续向 AI 追问。

提问:

题目中不要出现副标题,请再列一遍。

回答:

非常抱歉,我理解有误,以下是不含副标题的选题题目。

1. 短视频平台上的"带货"现象对中国式现代化进程中共同富裕的影响研究。

2. 社交媒体上的网络公益行动如何推动中国式现代化进程中的共同富裕?

3. 网络新闻媒体的多元化发展与中国式现代化进程中的共同富裕。

4. 网络直播带货对中国式现代化进程中共同富裕的影响的研究。

5. 网络舆论场中的"打假"行动对中国式现代化进程中共同富裕的促进作用的研究。

此处,AI 一次性给出了 5 个参考题目,如果申请人对这 5 个题目都不满意,还可以让 AI 继续给出更多的参考题目。

值得注意的是,不建议直接使用 AI 给出的题目,因为笔者主张把 AI 当成一个学术伙伴,给申请人提供信息,为申请人指点迷津,它给出的题目不一定严谨或规范。当然,必须肯定的是,它给出的题目或许能给申请人一定的启发。

针对上面的调试过程,我们对问答进行总结提炼,重新提问如下。

提问:

我是学社会学的,我现在正申报国家社会科学基金项目,想做跨学科研究,发现围绕"中国式现代化进程中的共同富裕问题"在新闻传播领域出现了一些新的情境,请根据这些新出现的情境,围绕"中国式现代化进程中的共同富裕问题",为我提供几个"新情境+研究对象+研究问题"型课题选题,要求题目中有新出现的情境,要有研究对象和研究问题,题目中不加副标题,也不加冒号,请只列出推荐的题目。

回答:

理解了你的需求。结合新闻传播领域和你提到的"新情境",以下是一些"新情境+研究对象+研究问题"型课题选题建议。

1. 数字化传媒情境下共同富裕理念的传播机制与影响研究。

2. 社交媒体情境中共同富裕话题的舆论形成与引导策略研究。

3. 新媒体平台情境下农村地区共同富裕信息不对称问题研究。

4. 互联网＋背景下共同富裕教育资源的传播与公平接入问题研究。

5. 新闻直播情境中共同富裕政策宣传的效果与策略研究。

6. 短视频与流媒体情境下共同富裕文化价值的构建与推广研究。

7. 大数据与算法推荐情境下共同富裕议题的信息筛选与传播路径研究。

这些建议仅供参考，你可以根据自己的研究兴趣和实际情况进一步深化与调整。祝你申报国家社会科学基金项目成功！

由此可见，用通过调试后修订的提示词向 AI 提问，AI 给出的回答参考价值较高。

小结： 根据上述提问和调试过程，笔者针对"新情境＋研究对象＋研究问题"型课题选题的提问句型总结如下。

我是学【专业】的，我现在正申报【某级别课题】，想做跨学科研究，发现围绕【参考选题】在【学科领域】出现了一些新的情境，请根据这些新出现的情境，围绕【参考选题】，为我提供几个"新情境＋研究对象＋研究问题"型课题选题，要求题目中要有新出现的情境，还要有研究对象和研究问题，题目中不加副标题，也不加冒号，请只列出推荐的题目。

需要指出的是，培养善于"倾听"和即兴提问的能力是十分必要的。要把 AI 当成人来看待，"他"是寻找课题选题过程中的学术咨询顾问、学术助手或学术伙伴，要敏锐地从"他"的回答中发现问题点，并围绕这些问题点继续提问。在一问一答中，对课题指南中参考选题的认知才会深化，获得的启发才会更大，学术敏感力才会有所提高，AI 的价值和对课题选题寻找的意义才能更好地体现出来，其"辅助"的作用正在于此。

（二）"新理论＋研究对象＋研究问题"型

理论是指对某个领域或现象的解释、分析、描述或预测的一系列概念、假设、原则和规律的系统性阐述。它是对一定经验和实践的总结和抽象，是一种对现实世界的认识和理解方式。理论不仅是一种学术思想或概念体系，也是指导实践、推动科技进步和社会发展的重要工具。在不同的领域，理论可以具有不同的形式和性质，包括自然科学理论、社会科学理论、哲学理论，等等。

此处所说的新理论，并不是指新创造的理论，而是比同类已有研究所采用的理论更新颖，或者使用了其他学科的理论来研究本学科的研究对象和问题。

以下是几个 2022 年国家社会科学基金立项课题的题目。

[1] 模因论视域下红色文化的互联网群体传播研究（新闻学与传播学，一般项目）。

[2] 基于合作博弈理论的绿色供应链合作创新主体收益分配研究（管理学，一般项目）。

[3] 基于吕叔湘"句段"理论构想的汉语常用句式的事件语义研究（语言学，一般项目）。

[4] 大历史观视域下社会主义意识形态理论话语创新研究（既是学术观点和方法论，又是理论）（马列·科社，一般项目）。

首先，将这一选题类型告知 AI，并询问此类选题特点。

提问：

"模因论视域下红色文化的互联网群体传播研究"和"基于合作博弈理论的绿色供应链合作创新主体收益分配研究"属于"新理论＋研究对象＋研究问题"型课题选题，请问"新理论＋研究对象＋研究问题"型课题选题有怎样的特点？

回答：

"新理论＋研究对象＋研究问题"型课题选题主要有以下几个特点。

1. 突出理论创新。这种类型的课题选题主要以某种新兴理论、新的研究范式或新的研究思路为出发点进行研究探讨，强调对研究对象形成全新的、深刻的认识和理解。

2. 着眼研究对象。这种类型的课题选题在选择研究对象上要有一定的科学性和系统性，选题需要从研究对象的内部结构、外部环境等方面出发，构建合理的研究框架。

3. 强调解决实际问题。这种类型的课题选题往往着眼于当前社会发展所面临的实际问题，希望通过理论研究为实际问题的解决提供参考和支持。

需要具备一定的专业背景和研究基础。这种类型的课题选题一般需要申请人具备一定的学科知识和研究基础，以便更好地理解和应用新的理论和方法，实现课题的研究目标。

从回答中可以看出，此类选题的特点在于使用了某种新兴的理论、研究范式、研究思路，或比本学科已有研究更新颖的理论。当然，它的价值不只在于使用了新的理论，更在于用这一理论去解决新发现的问题。理论与问题的契合才是根本的价值，也是采用这一理论的依据，此类课题选题的创新正在于此。

其次，通过 AI 进一步了解此类课题选题对申请人的要求。

提问：

选择"新理论＋研究对象＋研究问题"型课题选题对申请人有怎样的要求？

回答：

选择"新理论＋研究对象＋研究问题"型课题选题，通常要求申请人具备以下要求。

1. 研究能力和背景。申请人应具备扎实的学科知识背景，掌握相关研究方法和技能，有一定的研究经验和实践能力。

2. 创新思维和创新能力。选题要求申请人能够发现和探索新领域或新问题，具有创新思维和能力，能够提出新的研究问题和解决方案。

3. 问题意识和研究兴趣。申请人应该有明确的研究兴趣和问题意识，对所选的研究对象和问题具有一定的认知和理解。

4. 组织和表达能力。申请人需要具备良好的组织和表达能力，能够清晰地表述研究问题、研究方法和研究成果，使评审专家能够充分理解并认可选题的价值和意义。

5. 团队合作能力。如果选题需要团队合作来完成，申请人需要具备团队合作精神和沟通协调能力，能够有效地协调团队成员的工作，共同完成研究任务。

总之，选择"新理论＋研究对象＋研究问题"型课题选题，申请人需要具备扎实的学术基础和研究经验，具备独立思考和创新的能力，能够清晰地表述研究问题和成果，以及具备团队合作和沟通协调能力。

由此可见，此类课题选题的特点在于新理论，而难点也在于新理论。具体表现在：理论的"新"体现在何处？为何采用这种理论？申请人对这种理论了解的程度如何？申请人能否驾驭这种理论？这种理论与目前要研究的对象和问题之间的契合度如何？这些问题能否得到解决，决定着申请人能否采用这种课题选题类型。

申请人在考虑选择这种课题选题类型时，往往会遇到以下两种情况：其一，申请人已经掌握了一些新的理论或跨学科的理论（其他学科的理论）；其二，针对研究对象和研究问题，申请人不知道选择哪些理论才能算"新"。针对这两种情况分别向 AI 提问。

申请人可将自己熟悉的新理论或跨学科理论输入给 AI，让 AI 借助这一理论，围绕推荐选题来形成更具体的选题。

第一种情况： 申请人掌握了一些新的理论或跨学科的理论（其他学科的理论）。

提问：

我熟练掌握了文化人类学方面的理论，我现在正在申请国家社会科学基金项目，有一个推荐选题是"中国式现代化进程中的共同富裕问题"，但是不能用原题目进行申报，我想采用"新理论＋研究对象＋研究问题"型课题选题类型，请帮我列几个可能的选题，要求用上我所掌握的理论，题目不加副标题。

回答：

好的，根据你的需求，以下是几个可能的选题，均为"新理论＋研究对象＋研究问题"型课题选题，同时涉及你掌握的文化人类学理论。

1."身份认同与共同富裕：以中国城乡流动人口为例"。探究中国城乡流动人口的身份认同与其在共同富裕进程中的作用，基于文化人类学中的身份认同理论和社会发展理论，探索流动人口在现代化进程中的社会角色定位。

2. "城市化与共同富裕：文化适应与挑战"。探究中国城市化进程中的共同富裕问题，分析城市化对人类文化的影响，以及如何适应文化变化以实现共同富裕。采用文化人类学中的文化适应理论和城市化发展理论，探讨如何实现城市化与共同富裕的平衡。

3. "现代化、技术与共同富裕：以互联网为例"。探究中国式现代化进程中互联网技术在解决共同富裕问题上所起的作用。基于文化人类学中的技术与社会理论，分析互联网在现代化进程中的作用，以及如何利用互联网技术实现共同富裕目标。

通过对回答的审读，笔者发现在题目中不太容易看到清晰的研究对象和研究问题，有用信息较少，因此，笔者向 AI 继续提问。

提问：

题目中要有所用到的理论，要有研究对象和研究问题，不要出现冒号，不要有副标题，请再列一遍[①]。

回答：

好的，以下是按照你的要求重新列出的几个选题，满足了有所用到的理论、研究对象和研究问题的要求，不含冒号和副标题。

1. 基于文化人类学视角的中国式现代化进程中的共同富裕问题研究。探讨中国式现代化进程中的共同富裕问题，运用文化人类学理论分析共同富裕与现代化之间的关系，研究如何在中国式现代化进程中实现共同富裕。

2. 基于社会发展理论的农村经济欠发达地区共同富裕问题研究。以农村经济欠发达地区为研究对象，探究共同富裕问题，并从社会发展的角度分析共同富裕与经济欠发达地区发展之间的关系，研究如何实现农村经济欠发达地区的共同富裕。

---

① 说明：虽然提问中已经明确指出"题目中不能出现冒号"，但是在 AI 给出的答案中有时仍有冒号出现，这就说明在使用 AI 时要进行多次调试才能获得令使用者满意的回答。同时，AI 有时对中文的理解是存在一定偏差的。为了有效解决这个问题，笔者经过调试，做出的处理方案是在提问时加上"不能出现'：'"。此处，为了将 AI 的回答和作者反复调试后总结出的经验以原貌的形式呈现出来，所以保留了 AI 原有的回答。类似的问题，本书中其他部分还有涉及，笔者的处理方式是一样的，即保持 AI 回答的原貌，此处一并做出解释。

3. 互联网技术与共同富裕：基于技术与社会理论的研究。以互联网技术为研究对象，运用技术与社会理论分析互联网技术在共同富裕进程中的作用，研究如何利用互联网技术推进共同富裕目标的实现。

4. 基于文化适应理论的城市化进程中的共同富裕问题研究。探究城市化进程中的共同富裕问题，运用文化适应理论分析城市化对人类文化的影响，研究如何适应文化变化以实现共同富裕。

希望这些选题能对你有所帮助！

基于以上提问及调试过程，笔者对上述内容重新提问，具体如下。

提问：

我熟练掌握了文化人类学方面的理论，现在正申请国家社会科学基金项目，有一个推荐选题是"中国式现代化进程中的共同富裕问题"，但是不能用原题目进行申报，我想采用"新理论＋研究对象＋研究问题"型课题选题类型，请帮我列几个可能的选题，要求用上我所掌握的理论，题目中不要有副标题、不要出现冒号。

回答：

好的，根据你的需求，以下是几个可能的选题，均采用"新理论＋研究对象＋研究问题"型课题选题类型，同时用到你所掌握的文化人类学理论，题目中不含冒号和副标题。

1. 基于文化人类学视角的中国式现代化进程中的共同富裕问题研究。探讨中国式现代化进程中的共同富裕问题，运用文化人类学理论分析共同富裕与现代化之间的关系，研究如何在中国式现代化进程中实现共同富裕。

2. 基于社会发展理论的农村经济欠发达地区共同富裕问题研究。以农村经济欠发达地区为研究对象，探究共同富裕问题，并从社会发展的角度分析共同富裕与经济欠发达地区发展之间的关系，研究如何实现农村经济欠发达地区的共同富裕。

3. 互联网技术与共同富裕：基于技术与社会理论的研究。以互联网技术为研究对象，运用技术与社会理论分析互联网技术在共同富裕进程中的作用，研究如何利用互联网技术推进共同富裕目标的实现。

4.基于文化适应理论的城市化进程中的共同富裕问题研究。探究城市化进程中的共同富裕问题，运用文化适应理论分析城市化对人类文化的影响，研究如何适应文化变化以实现共同富裕。

希望这些选题能对你有所帮助！

小结：我们对理论掌握得越透彻，告知 AI 的理论越具体，它为我们提供的答案也就越聚焦，参考价值就越大。针对第一种情况的提问句型如下。

我熟练掌握了【某理论，越细化越好】，我现在正申请【某级别课题】，有一个推荐选题是【推荐选题】，但是不能用原题目进行申报，我想采用"新理论 + 研究对象 + 研究问题"型课题选题类型，请帮我列几个可能的选题，要求用上我所掌握的理论，题目中要有所用到的理论，有研究对象和研究问题，不要出现冒号，不要有副标题。

第二种情况：申请人不太了解要选择哪些理论。

当申请人不太了解该选择哪些理论时，可向 AI 寻求一些帮助，但要注意的是，因为研究理论数量很多，所以在询问时要具体到某一学科领域。

提问：

我是一位高校教师，我正在申报国家社会科学基金项目，我想研究的问题是"中国式现代化进程中的共同富裕问题"，请推荐一些能够解决上述问题的新闻传播学领域的理论。

回答：

针对你的研究问题，以下是一些新闻传播学领域的理论，你可以考虑在你的研究中使用。

1.媒介依存理论。该理论认为，媒体对人们的生活产生了深刻的影响，人们需要借助媒体来获取信息、建立社会关系，等等。在研究共同富裕问题时，你可以考虑探讨人们如何依靠媒体来了解中国的发展情况和经济分配问题，并探究媒体对社会公平和共同富裕的作用。

2. 新闻价值理论。该理论认为新闻价值是新闻报道中的核心元素，新闻价值包括新闻的时效性、接近度、意义、冲突性等。在研究中国式现代化进程中的共同富裕问题时，你可以考虑探讨新闻价值如何影响媒体对于社会公平和共同富裕的报道，并探究如何提高报道的价值，以更好地推动社会公平和共同富裕的发展。

3. 媒介民主理论。该理论认为，媒体在民主社会中有重要作用，它可以帮助人们了解政治信息、参与公共讨论……在研究中国式现代化进程中的共同富裕问题时，你可以考虑探讨媒体如何促进公共讨论和民主参与，以及如何通过媒体推动共同富裕的发展。

以上是一些可能对你有帮助的新闻传播学领域的理论，你可以根据具体的研究需要和研究框架进行选择和运用。

值得注意的是，AI 提供的理论不一定都是准确的，这需要申请人对其进行验证。

此处，根据 AI 的回答，笔者选择媒介民主理论进一步向 AI 提问。

提问：

我选择的理论是媒介民主理论，要研究的问题是"中国式现代化进程中的共同富裕问题"，按照"新理论＋研究对象＋研究问题"型课题选题类型，请帮我列出几个选题，题目中不要出现冒号或破折号，不要加副标题。

回答：

好的，以下是几个符合你要求的选题，按照"新理论＋研究对象＋研究问题"型课题选题类型组合而成。

1. 媒介民主理论在中国式现代化进程中的共同富裕问题研究。

2. 基于媒介民主理论视角下的中国共同富裕问题研究。

3. 媒介民主理论与中国式现代化进程中的共同富裕问题探究。

4. 中国式现代化进程中的共同富裕问题：基于媒介民主理论的视角研究。

5. 媒介民主理论下的中国共同富裕问题研究：以中国式现代化进程为背景。

希望以上选题可以给你提供一些启发。

在前文也提到，即便我们在提问中已经强调题目不要加副标题，不要在题目中出现冒号和破折号，但是在回答中还是能够看到有的题目存在冒号，解决办法是在提问中采用"不加'：'和'——'（解决不带副标题的问题）"的提问方法。由此可见，机器不可能取代人，将机器生产的内容直接拿去使用的做法是不可取的。从另一个方面而言，人和机器共同进化，通过与 AI 对话，基于"新理论 + 研究对象 + 研究问题"型课题选题类型，可以得到一些具体的申报题目，获得一定的启发。

小结： 针对"新理论 + 研究对象 + 研究问题"型课题选题的提问句型如下。

我是一位高校教师，我正在申报【某级别课题】，我想围绕以下推荐选题"【选题】"来确定自己的选题，请推荐一些能够解决上述问题的【专业领域】理论，并根据所推荐的理论，按照"新理论 + 研究对象 + 研究问题"型课题选题类型推荐几个选题，要求题目不加副标题，题目中不要有冒号（：）和破折号（——）。

（三）"新理念 / 思想 + 研究对象 + 研究问题"型

在前面我们提到过理论的概念，与理论相近的还有"理念"和"思想"两个概念，很多学者对这三个概念的联系和区别不太了解，有时甚至将三者混为一谈。

前面我们已经对理论做了阐述，此处不再赘述。理念是指人们在价值观念、信仰、理想等方面的表达和追求，通常包括对人生意义、社会责任、人际关系等问题的思考和看法。理念是个人或集体的精神追求和价值取向，具有一定的主观性和情感色彩，反映了人们对美好生活的向往和追求。理念是人类文化的重要组成部分，其形成和传播往往与文化、宗教、社会经验、历史传统等因素密切相关。思想则是指人们对客观世界本质、规律、发展趋势等方面的认识和理解，包括对自然、社会、人类等领域的思考和研究。思想是一种关于事物本质和规律的深刻认识和理性思考，具有一定的科学性和理性，是人们认识世界、改变世界的主要手段。思想的形成和发展受科学、哲学、文化、社会、历史等方面的影响，同时也反映了人们的主观情感和文化背景。在历史上，许多伟大的思想家如柏拉图、亚里士多德、笛卡儿、康德、马克思、恩格斯等都对人类的思想进步做出了巨大的贡献。理论、理念与思想在概念上的具体区分和联系如表 2-1 所示。

表 2-1　理论、理念与思想辨析

比较项目	理　论	理　念	思　想
定义	系统的知识体系，经过验证，科学性强	价值观、信仰、理想的表达和追求	对事物本质、规律、发展趋势的认识和理解
抽象程度	具有较强的抽象性，强调普遍规律和理性思考	带有一定的感性和情感色彩，强调主观意识和精神	介于理论和理念之间，既包括理性思考，也包括感性认识
科学性	具有一定的科学性和验证性，需要通过实证研究和数据分析来验证	通常不需要进行科学验证，强调个人或集体的价值取向和信仰	通常具有一定的科学性和理性，但也反映了个人或集体的主观情感和文化背景
适用范围	适用于某个特定领域或现象，具有较强的实用性和指导性	适用于某种价值观或理想的表达和追求，具有较强的倡导性和启示性	适用于人们对事物本质、规律和发展趋势的认识和理解，具有较强的启示性和指导性

由表 2-1 可以看出，理论是对现象或事物的抽象认知和系统阐述，而理念和思想更多指向价值观或精神追求的层面，带有主观情感的色彩。理论、理念和思想在定义、抽象程度、科学性和适用范围等方面存在一定的差异。同时，三者也有一定的联系和交叉，例如，一些理论也可以具有一定的理念和思想成分，一些理念和思想也可以形成一定的理论体系。总体而言，理念和思想的关联性或相似性更大，因此，笔者将理念和思想放在一起对课题选题类型进行划分。

以下是几个 2022 年国家社会科学基金立项课题的题目。

[1] 新发展理念下我国环境税的政策效应评估及深化改革研究（应用经济学，一般项目）。

[2] 基于儒家仁学思想的人类命运共同体研究（马列·科社，一般项目）。

[3] 绿色发展理念下中国制造业出口韧性测度及提升路径研究（应用经济学，一般项目）。

由这些立项课题可以看出，其中涉及的理念、思想对既定研究对象和研究问题而言都是较为新颖的，因此，可以把这种类型称为“新理念 / 思想 + 研究对象 + 研究问题"型课题选题。

提问：

"新发展理念下我国环境税的政策效应评估及深化改革研究"和"基于儒家仁学思想的人类命运共同体研究"是"新理念／思想＋研究对象＋研究问题"型课题选题类型，请问"新理念／思想＋研究对象＋研究问题"型课题选题有怎样的特点？

回答：

"新理念／思想＋研究对象＋研究问题"型课题选题类型具有以下特点。

1. 理念／思想创新。这类课题选题注重在理念或思想层面进行创新，强调引入新的理念或思想来指导和丰富研究内容。这有助于突破传统研究框架的局限，为研究对象提供新的理解角度和解决方案。

2. 研究对象明确。课题选题明确指出了具体的研究对象，可以是一个行业、一个领域、一个现象等。研究对象的明确有助于研究者在后续研究过程中对研究问题、研究目标和研究方向进行聚焦，提高研究效率。

3. 研究问题针对性强。课题选题中明确提出了一个或多个研究问题，这些问题通常是现实中亟待解决的问题，具有很强的针对性和现实意义。研究者需要在研究中关注这些问题的解答，为现实问题提供解决方案或改进建议。

4. 结合实际应用。这类课题选题旨在将新理念／思想应用于实际问题，强调理论与实践的结合。研究者需要关注现实背景，探讨新理念／思想如何在具体领域发挥作用，以推动实践的改进和发展。

5. 跨学科研究。这类课题选题通常涉及多个学科领域，研究者需要运用不同的学科知识和方法来解决问题。这有助于研究者开阔视野，更好地理解和解决问题。

提问：

选择"新理念／思想＋研究对象＋研究问题"型课题选题对申请人有怎样的要求？

回答：

选择"新理念／思想＋研究对象＋研究问题"型课题选题对申请人有一定的要求，

包括以下几点。

1. 学术素养和研究经验。申请人需要具备扎实的学术基础和研究经验，能够熟练掌握相关理论和方法，有较强的分析和创新能力。

2. 对新理念 / 思想的理解和把握。申请人需要对新理念 / 思想有深入的理解和把握，能够准确阐释其内涵、特点和价值，具备自己的思考和见解。

3. 研究对象的选择和界定。申请人需要根据研究目的和问题，选择合适的研究对象，并对其范围和特点进行界定。

4. 研究问题的提出和解答。申请人需要明确研究问题，提出具有一定深度和广度的问题，能够通过研究和分析得出有价值的结论。

5. 研究方法和方案的设计。申请人需要根据研究问题和对象，选择合适的研究方法和方案，要能保证研究的可行性和有效性。

总之，选择"新理念 / 思想 + 研究对象 + 研究问题"型课题选题需要申请人具备扎实的学术基础和研究经验，有较强的分析和创新能力，能够准确理解和把握新理念 / 思想的内涵、特点和价值，并能够选择合适的研究对象，明确研究问题，选择合适的研究方法和方案，最终得出有价值的结论。

在申请人和 AI 对"新理念 / 思想 + 研究对象 + 研究问题"型课题选题有了一定认知的基础上，申请人可以针对课题指南中自己感兴趣的综合性选题进行提问，目的是围绕既定选题，借助 AI，寻找一些能够解决既定问题的新颖的理念或思想。

提问：

我现在正申请国家社会科学基金项目，有一个推荐选题是"中国式现代化进程中的共同富裕问题"，但是不能用原题目进行申报，我想采用"新理念 / 思想 + 研究对象 + 研究问题"型课题选题类型，请帮我列几个与这个推荐选题有关的理念或思想。

回答：

以下是与"中国式现代化进程中的共同富裕问题"有关的理念或思想。

1. 社会主义核心价值观。探究中国式现代化进程中如何落实和贯彻社会主义核心价值观，促进全社会的共同富裕。

2. 中国特色社会主义。研究中国特色社会主义的发展道路，探究其在实现共同富裕中的作用和贡献。

3. 新发展理念。分析新发展理念在中国式现代化进程中的具体应用和实践，探究其对共同富裕的推动作用。

4. 绿色发展理念。研究绿色发展理念在中国式现代化进程中的实践和效果，探究其对促进共同富裕的作用。

5. 全面深化改革。探究全面深化改革在中国式现代化进程中的作用，分析其对实现共同富裕的贡献和局限。

6. 全面依法治国。研究全面依法治国在中国式现代化进程中的实践和效果，探究其对实现共同富裕的作用和限制。

7. 共享经济。研究共享经济在中国式现代化进程中的应用和实践，探究其对促进共同富裕的作用和影响。

如果申请人对以上回答不满意，还可继续提问。

提问：

还有和这个推荐选题相关的更新的理念或思想吗?

回答：

是的，还有一些新的理念或思想与这个推荐选题相关，如以下几种。

"人民至上""以人为本"。强调人民是发展的根本，发展要以满足人民对美好生活的向往为根本目标，因此研究中国式现代化进程中的共同富裕问题，也要着眼于如何实现人民的共同富裕。

"创新、协调、绿色、开放、共享"新发展理念。它强调了在实现经济发展的同时，也要关注生态环境和社会公平，因此研究中国式现代化进程中的共同富裕问题也可以结合新发展理念来分析现状和问题。

综合以上提问和调试，笔者做了对提问内容进行了调整。

提问:

我现在正申请国家社会科学基金项目,有一个推荐选题是"中国式现代化进程中的共同富裕问题",但是不能用原题目进行申报,我想采用"新理念/思想+研究对象+研究问题"型课题选题类型,请帮我列几个与这个推荐选题有关的理念或思想,并在此基础上列几个可能的选题,要求题目中不带":"和"——"。

回答:

根据"新理念/思想+研究对象+研究问题"型课题选题类型,结合推荐选题"中国式现代化进程中的共同富裕问题",以下是几个可能的理念或思想。

1. 绿色发展理念。

2. 创新驱动发展战略。

3. 区域协调发展。

4. 以人民为中心的发展思想。

基于这些理念或思想,以下是几个可能的选题。

1. 绿色发展理念指导下中国式现代化与共同富裕的关系研究。

2. 创新驱动发展战略推动中国式现代化实现共同富裕的机制研究。

3. 区域协调发展视角下中国式现代化与地区共同富裕问题研究。

4. 以人民为中心的发展思想在中国式现代化中实现共同富裕的策略分析。

这些选题均使用了较新的理念或思想,并围绕"中国式现代化进程中的共同富裕问题"从更具体的方面展开研究,与推荐选题相比更有针对性,可供申请人做更深入的思考。

> **小结:** 针对"新理念/思想+研究对象+研究问题"型课题选题,可以采用以下提问句型。
>
> 我是一位高校教师,我现在正申请【某级别课题】,有一个推荐选题是"【选题】",但是不能用原题目进行申报,我想采用"新理念/思想+研究对象+研究问题"型课题选题类型,请帮我列几个与这个推荐选题有关的理念或思想,并在此基础上列几个可能的选题,要求题目中不带":"和"——"。

（四）"新区域 + 研究对象 + 研究问题"型

区域是指一个相对连续、具有一定边界或特定属性的地理区域。区域可以根据不同的标准进行划分，如自然地理条件、人文地理条件、经济条件、政治条件、文化条件，等等。一些常见的区域包括行政区域、自然地理区域、文化区域、经济区域等。区域的划分可以有不同的目的，如为政策制定、资源利用、管理和规划等提供依据。区域的研究可以涉及多个学科领域，如地理学、社会学、经济学、城市规划等。

以下是几个 2022 年国家社会科学基金立项课题的题目。

[1] 黄河上游民族地区旅游产业转型与高质量发展研究（民族学，一般项目）。

[2] 西南民族地区宅基地"三权"分置问题与对策研究（民族学，一般项目）。

[3] 桂滇边境地区文化和旅游深度融合助推固边兴边富民的机制与政策设计研究（民族学，一般项目）。

[4] 西藏红色文化传承与发展研究（马列·科社，一般项目）。

从上述课题可以看出，针对同样或相似的研究对象和研究问题，聚焦到不同的地域，就体现出不同的研究价值和研究指向。例如，旅游产业的转型与高质量发展对各地来说都很重要，对黄河上游民族地区来说，由于地理位置、文化和经济等的不同，该地域的旅游产业转型与高质量发展和其他地域相比有着新的独特的要求、规律和路径，也形成了该课题独有的创新点。

提问：

"黄河上游民族地区旅游产业转型与高质量发展研究"和"桂滇边境地区文化和旅游深度融合助推固边兴边富民的机制与政策设计研究"等选题有这样一个共同特点，即选题中涉及的区域在类似的研究对象和研究问题中是较少或没有涉及的，所以在同类选题中以新的区域为选题亮点，这种类型的选题可以称为"新区域 + 研究对象 + 研究问题"型课题选题类型，你明白了吗？请问"新区域 + 研究对象 + 研究问题"型课题选题有怎样的特点？

回答：

是的，我明白了。"新区域＋研究对象＋研究问题"型课题选题类型，是指在同类选题中，以新的区域作为选题的亮点，并结合特定的研究对象和问题进行研究的选题类型。

这种选题类型有以下特点。

1. 突出新颖性。以新的区域为选题亮点，与传统研究区域不同，突出研究的新颖性和独特性，更容易吸引读者和学者的关注。

2. 拓展研究领域。选题涉及的区域在类似的研究对象和研究问题中是较少或没有涉及的，这种选题类型可以拓展研究领域，促进该领域的进一步发展。

3. 增加研究深度。选题将新的区域与特定的研究对象和问题结合起来进行研究，可以加深对特定研究对象和问题的了解与认识，拓展研究深度。

4. 可塑性强。选题可以根据不同的研究对象和问题进行调整和修正，具有一定的可塑性，更容易满足研究需求。

从 AI 的回答能够看出，它已经了解了这种课题选题类型，并指出在选择区域时要选择一些与众不同的，或以往研究较少或没有涉及的区域。正是研究区域的拓展，使得此类选题具有拓展研究领域的特色。那么，此类选题对申请人提出了怎样的要求呢？

提问：

选择"新区域＋研究对象＋研究问题"型课题选题对申请人有怎样的要求？

回答：

选择"新区域＋研究对象＋研究问题"型课题选题对申请人的要求主要包括以下几点。

1. 熟悉区域背景。申请人需要对所选新区域的经济、社会、文化和政治等背景有较为深入的了解，以便更好地开展研究。

2. 专业知识储备。申请人需要具备与研究对象相关的专业知识，掌握相关的理论和方法，以便更好地开展研究和解决研究问题。

3. 研究能力。申请人需要具备较强的研究能力，包括文献综述、数据收集与分析、研究设计等方面的能力，确保研究工作顺利进行。

4. 创新意识。此类课题选题往往要求申请人具备一定的创新意识，能够从新区域、研究对象和研究问题的角度发现和提出有价值的研究课题。

5. 团队协作能力。研究新区域往往需要将多学科的知识和方法相结合，因此申请人需要具备良好的团队协作能力，能够与其他学科的研究者有效沟通和协作。

6. 实地调查能力。针对新区域的研究，申请人需要具备一定的实地调查能力，能够根据实际情况收集数据，进行观察和访谈，获取第一手资料。

7. 撰写和沟通能力。申请人需要具备较强的撰写和沟通能力，能够将研究成果以清晰、有逻辑的方式呈现出来，并能够在学术会议等场合进行有效的沟通和交流。

综上所述，选择"新区域＋研究对象＋研究问题"型课题选题对申请人有较高的综合素质要求，包括专业知识、研究能力、创新意识、团队协作能力等方面的能力。

从上面的回答能够看出，AI 的回答对申请人有很大的启发，它指出此类选题需要申请人对所涉及区域的政治、经济、文化、社会等方面的情况有较为深入的认识和了解，要具有创新意识、团队协作能力、实地调查能力等，否则很难能驾驭此类课题选题。

接下来，围绕选题指南中综合性选题的条目进行提问。此时涉及两种情况。

一种情况是申请人有自己熟悉的区域，针对此区域进行提问。

提问：

我现在正申请国家社会科学基金项目，有一个推荐选题是"中国式现代化进程中的共同富裕问题"，但是不能用原题目进行申报，我想采用"新区域＋研究对象＋研究问题"型课题选题类型。我是广东省某高校的教师，我对广东省各地市都比较了解，如果我选择广东省作为这个选题的区域，请帮我结合广东省在中国式现代化进程中共同富裕方面产生的一些具体问题，列几个课题选题。题目中不要出现"："和"——"。

回答:

1. 当代广东省的共同富裕问题研究。

2. 广东省城乡融合背景下的共同富裕实现路径研究。

3. 广东省民营经济发展与地区共同富裕问题分析。

4. 粤港澳大湾区高质量发展与共同富裕关系研究。

5. 广东省产业转型升级中的劳动力再分配与共同富裕问题探讨。

6. 广东省数字经济发展与贫富差距缩小策略研究。

7. 广东省乡村振兴战略下的农村共同富裕问题研究。

8. 广东省创新驱动发展战略对实现共同富裕的影响分析。

9. 广东省教育资源优化配置与共同富裕问题研究。

10. 社会保障制度改革对广东省共同富裕的促进作用分析。

11. 广东省绿色发展与环境治理对区域共同富裕的支持研究。

　　根据笔者给定的区域，AI 将其运用到课题选题中，也使得该区域成为这个选题的亮点或特色。

> **小结：**针对这种情况，可以采用以下提问句型。
>
> 　　我现在正申请【某级别课题】，有一个推荐选题是"【选题】"，但是不能用原题目进行申报，我想采用"新区域 + 研究对象 + 研究问题"型课题选题类型。我是【某区域】【某高校】的教师，我对【某区域】比较了解，如果我选择【某区域】作为这个选题的区域，结合【某区域】在【选题指定的研究领域】方面产生的一些具体问题，请帮我列几个课题选题。题目中不要出现"："和"——"。

　　另一种情况是，围绕既定的研究问题，让 AI 给出其建议的区域。

提问:

　　为了解决中国式现代化进程中的共同富裕问题，有哪些省份或地区特别值得研究？

回答：

为了解决中国式现代化进程中的共同富裕问题，以下省份或地区具有特殊的研究价值。

广东省。作为中国的改革开放前沿和经济发展较为成熟的地区，广东省在实现共同富裕方面的经验和问题具有很高的研究价值。

江苏省。江苏省是我国经济实力较强的地区，通过研究江苏省在共同富裕方面的做法，可以为其他地区提供借鉴。

浙江省。浙江省以民营经济发展为特色，研究该省在实现共同富裕方面的措施可以为民营经济的发展提供有益的启示。

四川省。作为西部地区经济发展的重点，四川省在区域协调发展、缩小贫富差距方面的经验值得研究。

北京市。作为首都，北京市在人才、资金等方面具有优势，研究北京市在共同富裕方面的探索，有助于推动全国范围内的共同富裕。

上海市。上海市是国际化大都市，对于全球化背景下实现共同富裕的问题具有研究价值。

陕西省。陕西省是"一带一路"建设的重要节点，研究该省在共同富裕方面的实践，可以为沿线国家和地区提供借鉴。

贵州省。贵州省作为我国经济欠发达地区之一，其在扶贫攻坚、缩小贫富差距方面的实践经验具有很高的研究价值。

云南省。云南省地处中国西南边陲，拥有丰富的民族文化资源，研究该省在民族地区共同富裕问题上的探索具有重要意义。

辽宁省。辽宁省是中国东北地区的老工业基地，其在实现共同富裕和振兴东北地区经济方面的探索值得关注。

以上省份或地区具有不同的地理、经济、社会、文化特点，研究这些地区在共同富裕方面的实践经验，可以为全国其他地区提供借鉴和启示。

当然，申请人不能随意选择某一个区域，要根据自己的认知和对某区域的熟悉程度来选择某一区域作为具体的研究区域。假设通过以上问答，申请人发现自己对江苏省是比较了解的，可以继续追问。

提问:

江苏省在共同富裕方面做了哪些事情？有哪些创新？

回答:

江苏省在共同富裕方面采取了多种措施，进行了一系列创新尝试，主要表现在以下几个方面。

1. 产业升级和转型。江苏省大力推进产业结构的优化升级，发展高附加值、高技术含量的产业，以提高劳动生产率，实现经济增长和就业增长的双提升。

2. 城乡一体化发展。江苏省推进城乡一体化进程，促进城乡之间的要素互动和资源共享，缩小城乡差距，提高农村居民的收入水平。

3. 社会保障制度的完善。江苏省不断完善社会保障制度，包括养老、医疗、失业、低保等方面，降低返贫风险，减轻民生负担。

4. 教育资源的优化配置。江苏省加大对教育的投入，优化教育资源配置，提高经济欠发达地区和农村地区的教育水平，提高人力资本，助力实现共同富裕。

5. 人才政策的创新。江苏省实施了一系列人才引进和培养政策，吸引和培养高层次人才，为经济发展和共同富裕提供智力支持。

6. 促进中小企业发展。江苏省出台了一系列政策措施，支持中小企业的发展，鼓励创业创新，提高中小企业的竞争力，促进共同富裕。

7. 区域协调发展。江苏省注重区域协调发展，推动南北、沿江等地区之间的合作与交流，缩小区域差距，实现地区间的共同富裕。

通过以上创新举措，江苏省在共同富裕方面取得了一定的成果，为其他地区提供了有益的经验和借鉴。

申请人还可以根据自己经常关注的研究议题或研究视角进行追问。通过这种提问，可以将研究视角融入区域研究，进而使这种选题更具新意。

提问:

从生态保护的角度考虑，研究中国式现代化进程中的共同富裕问题，还有哪些省份或地区值得关注？

回答：

从生态保护的角度考虑，研究中国式现代化进程中的共同富裕问题，以下省份或地区也值得关注。

西藏自治区。作为中国生态环境最脆弱的地区之一，西藏的生态保护问题一直备受关注。随着中国式现代化进程的推进，如何保护西藏的生态环境的同时，促进共同富裕，是一个值得研究的问题。

云南省。云南地处中国的西南边陲，拥有丰富的生物多样性和独特的生态环境。但随着中国式现代化进程的推进，云南的生态环境也面临一些挑战，如何在保护生态环境的同时促进经济发展，实现共同富裕，是亟待研究的问题。

海南省。海南是中国的热带岛屿省份，拥有得天独厚的自然条件和资源优势。随着中国式现代化进程的推进，如何在保护海南独特的生态环境的同时实现经济发展和共同富裕，也是一个重要的研究方向。

黄河流域。作为中国的母亲河，黄河流域一直是中国农业和经济发展的重要区域。但随着人口和经济的增长，黄河流域也面临严重的生态环境问题，如水资源短缺和水污染等。因此，如何在保护黄河流域生态环境的同时促进经济发展，实现共同富裕，也是一个值得研究的问题。

笔者发现 AI 回答中的"黄河流域"是自己比较感兴趣，也是目前政府部门特别关注的区域，故而进行了追问。

提问：

如何在保护黄河流域生态环境的同时促进经济发展，实现共同富裕，是一个值得研究的问题。为了解决这个问题，我想申报国家社会科学基金项目，围绕"中国式现代化进程中的共同富裕问题"，请为我列出具体的课题题目。题目中不出现"："和"——"。

回答：

1. 基于生态文明建设视角下的黄河流域共同富裕路径研究。
2. 中国式现代化进程中黄河流域生态保护与共同富裕实现路径研究。

笔者对这两个题目较为满意，这说明通过和 AI 对话，申请人是可以找到适合自己的课题选题的。

> 小结："新区域 + 研究对象 + 研究问题"型课题选题的特色在于区域，在与 AI 的互动中不断进行追问，融入研究者熟悉的研究视角，或许会有新的发现，也能使课题指南中的综合性方向型选题具有明确的研究指向。

（五）"新方法 + 研究对象 + 研究问题"型

研究方法是科学研究中用于收集、分析和解释数据的一系列规范化步骤和技巧，是研究者为解决特定问题或达到研究目标而采用的程序和技术。研究方法的选择取决于研究问题的性质、研究目标和研究者的能力。众所周知，对于学术研究来说，研究方法是十分重要的学术研究工具，没有使用恰当的研究方法或者不会使用研究方法，都会影响研究的开展和研究成果的质量。可以说，任何研究都是基于某一种或多种研究方法的研究。在一些选题中，一些独特的或新颖的研究方法会被研究者用于课题研究中，并直接体现在题目里，以体现该选题的创新性。

以下是几个 2022 年国家社会科学基金立项课题的题目。

[1] 基于行为科学理论和数据驱动方法的城市精细化治理研究（管理学，一般项目）。

[2] 基于自然语言处理方法的上市公司 ESG "漂绿"现象识别及其治理机制研究（管理学，重点项目）。

[3] 基于大数据及可解释集成学习的信用风险模型构建与应用研究（统计学，一般项目）

[4] 基于深度学习的时空模型分析及其在大气污染数据中的应用研究（统计学，一般项目）。

从上述立项课题的题目能够看出，研究者使用了较为新颖的研究方法，与以往同类课题相比，这些课题有了创新之处。

提问：

"基于行为科学理论和数据驱动方法的城市精细化治理研究"和"基于自然语言处理方法的上市公司 ESG'漂绿'现象识别及其治理机制研究"等选题有这样一个共同特点，即选题直接将一种较为新颖的方法用到题目中，这种类型的选题可以称为"新方法＋研究对象＋研究问题"型课题选题类型，你明白了吗？请问"新方法＋研究对象＋研究问题"型课题选题有什么特点？

回答：

明白了。"新方法＋研究对象＋研究问题"型课题选题类型具有以下特点。

1. 结合创新方法。此类选题将较新颖的研究方法与研究对象和问题相结合，突显研究的前沿性和创新性。通过引入新方法，可以提高研究的准确性、有效性和深度，为解决问题提供新视角。

2. 研究对象明确。课题选题明确了研究的具体对象，有利于研究者更加聚焦于相关领域的问题，提高研究的针对性。

3. 研究问题具体化。这类选题将研究问题细化到具体的问题层面，有助于提高研究的针对性和可操作性。通过解决具体问题，可以积累实证经验，为进一步研究提供基础。

4. 跨学科融合。新方法往往来自不同学科领域，此类选题有利于实现跨学科的交叉与融合，提高研究的综合性和创新性。

5. 实用性强。因为研究方法和问题都具有一定的新颖性，所以这类课题的研究成果具有较强的实用价值，能为实际工作提供有益的参考和借鉴。

总之，"新方法＋研究对象＋研究问题"型课题选题类型强调创新性、针对性和实用性，有助于推动研究领域的发展。

新方法的引入使得此类课题选题具有了创新性，但也正因为新方法的引入，为此类选题增加了难度，因为新的研究方法往往来自其他学科，这样此类课题选题就具有了跨学科的性质，对申请人提出了更高的要求。

提问:

选择"新方法＋研究对象＋研究问题"型课题选题对申请人有怎样的要求?

回答:

选择"新方法＋研究对象＋研究问题"型课题选题对申请人的要求较高,主要体现在以下几个方面。

1. 掌握研究方法。申请人需要对所选择的新方法有深入的了解,并能够熟练掌握,如熟悉相关理论框架、实证分析技巧或技术应用等。这需要申请人具备一定的学术能力和实践经验。

2. 认识研究对象。申请人需要对研究对象有较为清晰和全面的认识,包括研究对象的基本特征、发展趋势、存在的问题等。这有助于申请人更好地将新方法应用到实际研究中。

3. 研究问题的敏感度。申请人需要具备较高的研究问题的敏感度,能够敏锐地捕捉到研究对象中的重要问题,并且能够针对这些问题进行深入探讨。

4. 学术创新意识。申请人需要具备较强的学术创新意识,能够运用新方法解决研究对象中的关键问题,为相关领域的发展提供新的理论、方法或实践启示。

5. 跨学科能力。申请人需要具备一定的跨学科能力,能够在不同学科领域进行跨界研究,将新方法与其他学科的理论、方法或技术相结合,以期提高研究的创新性和实际应用价值。

6. 团队协作能力。申请人需要具备较强的团队协作能力,能够与其他研究人员进行有效沟通和协作,共同推进研究项目的进展。

总之,选择"新方法＋研究对象＋研究问题"型课题选题对申请人提出了较高的能力要求,旨在通过研究人员的专业素养和创新能力,推动相关领域的研究水平和实践发展。

在申请人和 AI 对此类课题选题均有一定认识的基础上,申请人可围绕选定的综合性选题向 AI 进行针对性提问,要求 AI 根据给出的选题方向提供一些较新颖的研究方法。

提问：

我现在正申请国家社会科学基金项目，有一个推荐选题是"中国式现代化进程中的共同富裕问题"，但是不能够用原题目进行申报，我想采用"新方法＋研究对象＋研究问题"型课题选题类型，请帮我列几个切实能够解决这一问题的较为新颖的研究方法。

回答：

在研究"中国式现代化进程中的共同富裕问题"时，可以尝试以下几种较为新颖的研究方法。

1. 大数据分析。通过对大量的社会、经济、政策等相关数据进行深入挖掘和分析，揭示共同富裕问题的本质和规律，为政策制定提供有力支持。

2. 社会网络分析。运用社会网络分析方法，研究社会群体之间的联系和影响，揭示共同富裕问题在不同社会群体中的传播和演变机制。

3. 行为经济学。运用行为经济学理论和实验方法，研究人们在面对共同富裕问题时的心理和行为特点，为政策制定提供有益启示。

4. 计量经济学。运用计量经济学模型和方法，对共同富裕问题进行定量研究，揭示其与经济增长、收入分配等因素的关系和作用机制。

5. 系统动力。运用系统动力学方法，建立共同富裕问题的系统模型，分析各因素之间的相互作用和影响，为政策制定提供科学依据。

6. 情景模拟与预测。运用情景模拟与预测方法，评估不同政策措施对共同富裕问题的影响，为政策选择提供参考。

7. 机器学习与自然语言处理。运用机器学习和自然语言处理技术，对共同富裕问题相关的文献、报道、政策文件等文本数据进行分析，提取关键信息和观点，为研究提供新的视角。

这些新颖的研究方法可以为解决"中国式现代化进程中的共同富裕问题"提供新的思路和工具，有助于深化对问题本质的认识和推动相关领域的发展。当然，在实际研究中，可以根据研究问题的具体特点和需求，灵活运用和组合这些方法。

从回答中可以看出，AI 给出的研究方法较为新颖。当然，其中有些并非科学的研究方法，甚至不是研究方法，这就需要申请人进行验证和判断了。

提问：

请结合"新方法＋研究对象＋研究问题"型课题选题类型，围绕"中国式现代化进程中的共同富裕问题"，列几个课题题目。

回答：

结合"新方法＋研究对象＋研究问题"型课题选题类型，围绕"中国式现代化进程中的共同富裕问题"，以下是几个可能的课题题目。

1. 基于大数据分析的区域收入分配差异与共同富裕关系研究。
2. 社会网络分析视角下城乡居民共同富裕路径探究。
3. 行为经济学视角下公共政策对共同富裕的影响研究。
4. 计量经济学方法在分析中国收入分配不均问题中的应用。
5. 系统动力学模型在共同富裕政策①制定中的应用研究。
6. 基于情景模拟与预测的中国共同富裕目标实现路径研究。
7. 机器学习与自然语言处理技术在共同富裕政策评估中的应用。

这些课题题目结合了新颖的研究方法，可以为解决"中国式现代化进程中的共同富裕问题"提供新的视角和思路。在实际研究过程中，可以根据具体情况和需求，对这些课题进行进一步细化和调整。

这些题目涉及多个学科，而申请人在某一个具体的学科领域从事研究工作，因此，申请人可根据自己的学科方向对提问做进一步调试。

提问：

我是学新闻传播的，能否结合以上内容，为我列几个有针对性的课题选题？

---

① 关于"共同富裕政策"这一说法是否准确，还需要申请人进一步核实，这也提示：AI 的回答不一定都准确，需要做进一步的验证，也就是说，要带着质疑的精神来验证 AI 的回答，但这并不意味着要拒绝使用它，这是两回事，更能体现研究者严谨的治学态度。此处，笔者为了还原 AI 回答的原貌，将这一说法予以保留，并非认可这一说法。

回答：

结合新闻传播领域和"新方法＋研究对象＋研究问题"型课题选题类型，围绕"中国式现代化进程中的共同富裕问题"，以下是几个具有针对性的课题选题。

1. 基于大数据分析的新闻报道对共同富裕影响力评估研究。

2. 社交媒体环境下共同富裕问题传播与舆论引导策略研究。

3. 从行为经济学视角探讨新闻报道对公众关于共同富裕认知影响。

4. 基于计量经济学方法的新闻传播对收入分配不均问题的影响分析。

5. 新闻传播与共同富裕政策制定的系统动力学研究。

6. 基于情景模拟与预测的共同富裕新闻报道策略研究。

7. 机器学习与自然语言处理技术在共同富裕新闻报道中的应用。

这些课题选题将新闻传播领域与共同富裕问题相结合，旨在探讨新闻传播如何更好地服务共同富裕问题的解决。在实际研究过程中，可以根据具体情况和需求，对这些课题选题做进一步细化和调整。

通过上述调试，可以将针对"新方法＋研究对象＋研究问题"型课题选题的提问方式简化为以下提问。

提问：

请结合"新方法＋研究对象＋研究问题"型课题选题类型，围绕"中国式现代化进程中的共同富裕问题"，列出几个课题题目。

回答：

1. 基于大数据和机器学习算法的中国共同富裕问题的深度透视与治理机制研究。

2. 基于区域比较研究方法的中国式现代化与共同富裕的实现路径研究。

3. 基于系统动力学方法的中国式现代化进程中共同富裕问题的发展动态及影响因素研究。

4. 基于计量经济学方法的中国式现代化进程中实现共同富裕的政策建议与效应预测研究。

5. 基于社会网络分析的中国共同富裕问题的影响力和传播效应研究。

提问：

我是学新闻传播的，能否根据以上咱们的对话内容，按照"新方法＋研究对象＋研究问题型"课题选题为我列出几个可行的课题题目？

回答：

结合新闻传播学领域和我们之前的讨论内容，关于"中国式现代化进程中的共同富裕问题"的课题题目可以有以下几个。

1. 模式识别方法在共同富裕主题新闻文本分析中的应用研究。

2. 基于网络科学方法的主流新闻媒体关于共同富裕报道对公众认知的影响研究。

3. 基于计算传播方法的主流媒体新闻报道对公众共同富裕理念普及效果的研究。

4. 基于大数据分析方法的社交媒体共同富裕相关新闻报道及评论趋势研究。

5. 基于深度学习方法的新闻文本中关于共同富裕问题的情绪传播研究。

6. 基于 GIS 空间分析方法的共同富裕报道中空间分布模式研究。

这些课题选题充分结合了新闻传播学领域的特点，以及先进的研究方法，可以为研究"中国式现代化进程中的共同富裕问题"提供有力的理论和实践支持。

小结： 通过上述问答，申请人能够获得非常大的启发，甚至可能会茅塞顿开。有申请人指出，AI 给出的一些研究方法非常好，有的可能以前都没有听说过，通过查证也的确有这种研究方法。但问题来了，当一些新颖的研究方法被推荐出来后，该如何去使用呢？笔者认为，AI 只是一个工具，是一个学术伙伴，必须承认它在课题申报书撰写过程中体现出的强大作用，但它绝不可能替代申请人必要的学术训练，这就要求申请人具备一定的学术研究能力，对自己不熟悉的研究方法要去学习、使用、领悟，而不只是拿新鲜的研究方法来"装饰"自己的申报书，这会让经验丰富的课题评审专家一眼看出破绽。即便因研究方法的新颖而意外拿到了该课题的立项，立项后申请人也无法开展实际的研究工作，最终只能是作茧自缚。

（六）"新模型 + 研究对象 + 研究问题"型

此处的模型，指的是可用于学术研究的模型，模型可以分为不同类型，如以下几种。

（1）理论模型。理论模型是一种抽象框架，用于解释现象、行为或过程，通常基于对已有研究和理论的分析。

（2）数学模型。数学模型使用数学符号、公式和方程来表示现象、行为或过程。数学模型有助于量化研究对象的各个方面，以便进行分析和预测。

（3）计算模型。计算模型是一种基于计算机算法和程序的模型，用于模拟现象、行为或过程。计算模型可以基于数学模型，也可以基于其他形式的规则和逻辑。

（4）统计模型。统计模型使用统计方法和技术来分析数据，以便从中提取有关现象、行为或过程的信息。统计模型通常用于描述变量之间的关系，以及对未来数据的预测。

（5）概念模型。概念模型是一种用于描述现象、行为或过程的关键概念及其之间关系的图形表示。概念模型可以帮助研究者更直观地理解研究对象，便于交流和讨论。

在学术研究中，模型是比较多元化的，尤其是随着跨学科研究成为新常态，自然科学中使用的一些模型有时也被一些学者引入人文社会科学的研究中，当然模型的选择需要研究者根据所要描述和解释的现象、行为或过程来确定，不可"为了模型而模型"，否则就会产生不适用或生搬硬套的问题。

以下是几个 2022 年国家社会科学基金立项课题的题目。

[1] 全局模型视角下的复杂分层经济预测研究（统计学，一般项目）。

[2] 构式变体模型视角下英汉构式变异与演变的交叉验证研究（语言学，青年项目）。

[3] 基于数据要素投入产出模型的数字经济价值传导研究（统计学，青年项目）。

[4] "双碳"目标下"技术－经济－区域"信息融合的创新生态系统构建及其协同演化研究（图书馆、情报与文献学，青年项目）。

　　上述立项课题题目的共同点是都使用了一个较为新颖的模型。那么，怎么寻找模型呢？有两种途径。一种是通过大量搜寻和学习以往研究者提出的已被检验有效或获得广泛认可的模型；一种是申请人依据自己前期研究得出的模型，这往往能够使选题特别"亮眼"，因为这一模型的提出就代表着本课题的创新性。但是，要确保自己提出的模型的科学性，否则不仅不会使自己的选题出彩，还会成为选题的硬伤，所以申请人一定要确保自己提出的模型具备科学性和适用性。

　　申请人可以引导 AI 了解"新模型＋研究对象＋研究问题"型课题选题，并归纳其特点。

提问：

　　"全局模型视角下的复杂分层经济预测研究""基于数据要素投入产出模型的数字经济价值传导研究"和"'双碳'目标下'技术－经济－区域'信息融合的创新生态系统构建及其协同演化研究"等选题有这样一个特点，即选题直接将一种较为新颖的理论模型用到题目中，这种类型的选题可以称为"新模型＋研究对象＋研究问题"型课题选题类型，你明白了吗？请问"新模型＋研究对象＋研究问题"型课题选题有什么特点？

回答：

　　明白了。"新模型＋研究对象＋研究问题"型课题选题类型具有以下特点。

　　1. 理论创新。这类课题选题强调采用较为新颖的理论模型，具有一定的理论创新性，能够为研究领域带来新的理论视角和分析框架。

　　2. 高度集成。将新模型、研究对象和研究问题紧密结合，使课题选题具有较强的针对性和实用性，能够更好地解决实际问题。

　　3. 解决实际问题。这类课题选题通常针对某一具体问题或现象，运用新模型对其进行深入剖析，以期找出问题的成因和解决方案。

　　4. 较强的实证性。这类课题选题往往强调实证研究，运用新模型在实证数据上进行验证和拓展，从而检验模型的有效性和适用性。

　　5. 较高的技术要求。这类课题选题对申请人在理论和技术方面具有较高要求，需要申请人具备较强的理论基础和技术能力，以便运用新模型进行深入研究。

通过以上特点，可以看出"新模型＋研究对象＋研究问题"型课题选题类型旨在为研究领域带来新的理论视角和分析方法，提升研究的针对性和实用性，从而为解决实际问题提供有力支持。

由此可见，AI 已了解了"新模型＋研究对象＋研究问题"型课题选题，并指出这一课题选题类型的特点是理论与实践并重，基于模型来解决实际问题，模型的构建及使用最终指向的是问题的解决。特别是对于跨学科研究来说，将一些其他学科的模型，尤其是将自然科学中的模型运用到人文社科研究中，在增加选题创新性的同时也提高了选题的难度。

提问:

选择"新模型＋研究对象＋研究问题"型课题选题对申请人有怎样的要求？

回答:

选择"新模型＋研究对象＋研究问题"型课题选题对申请人的要求如下。

1. 理论基础扎实。申请人需要具备较为扎实的理论基础，能够熟练运用相关领域的理论体系和分析框架，为课题研究提供坚实的理论支持。

2. 技术能力强。申请人需要具备一定的技术能力，能够运用相关技术工具和方法进行数据分析、模型构建等，确保课题研究的有效性和可行性。

3. 独立思考和创新能力。申请人需要具备独立思考和创新能力，能够发现并分析现有研究中的不足和问题，提出新颖的理论模型，为研究领域带来新的视角和方法。

4. 实证研究经验。申请人应具备一定的实证研究经验，能够运用新模型在实证数据上进行验证和拓展，从而检验模型的有效性和适用性。

5. 跨学科研究能力。申请人需要具备跨学科研究能力，能够在不同学科领域中寻找有益的理论资源和研究方法，以提高课题研究的广度和深度。

6. 团队协作和沟通能力。申请人需要具备良好的团队协作和沟通能力，能够与其他研究人员进行有效的合作和交流，共同推进课题研究的进展。

满足以上要求，申请人可以更好地开展"新模型＋研究对象＋研究问题"型课题选题的研究，从而为解决实际问题提供有力支持。

通过问答，申请人和 AI 已对该课题选题类型有了一定的认知，接下来，申请人可围绕感兴趣的综合性选题条目向 AI 提问，让它提供能够切实解决既定问题的模型。

提问：

我现在正申请国家社会科学基金项目，有一个推荐选题是"中国式现代化进程中的共同富裕问题"，但是不能用原题目进行申报，我想采用"新模型＋研究对象＋研究问题"型课题选题类型，请帮我列几个切实能够解决这一问题的较为新颖的理论模型。

回答：

以下是几个较为新颖的理论模型，可应用于"新模型＋研究对象＋研究问题"型课题选题，以解决"中国式现代化进程中的共同富裕问题"的研究问题。

1. 双循环经济模型。运用国内循环和国际循环相互促进的思路，分析共同富裕背景下产业结构调整、区域协调发展和全球价值链重构等问题。

2. 人力资本增长模型。通过对人力资本积累与经济增长关系的研究，探讨教育、培训和技能提升等政策对共同富裕的影响和作用机制。

3. 收入分配调节模型。以劳动收入份额、资本收入份额和再分配政策为核心变量，分析共同富裕过程中收入分配与再分配的调节作用。

4. 社会资本理论模型。运用社会资本理论，研究信任、网络关系和文化传统等社会资源在共同富裕过程中的作用和机制。

5. 产业集群升级模型。以产业集群的竞争力、创新能力和区域协同发展为核心要素，分析共同富裕过程中的产业结构调整和区域差异问题。

可以根据具体的研究问题和需求选择和运用以上模型，以期为解决"中国式现代化进程中的共同富裕问题"提供有力的理论支持。

在上述案例中，笔者让 AI 提供的是能够解决既定问题的理论模型，申请人还可根据自己的研究能力和学科背景，让 AI 提供其他类型的模型。聚焦某一模型类型的提问，会使 AI 的回答更有针对性。

在之前的基础上，申请人可立足自身的学科方向，让 AI 提供几个"新模型＋研究对象＋研究问题"型的课题题目，结合学科方向的提问会使得选题落脚到该学科范畴内，进而使 AI 提供的选题对申请人更具启发性和参考价值。

提问：

我是学新闻传播的，能否围绕"中国式现代化进程中的共同富裕问题"，按照"新模型＋研究对象＋研究问题"型课题选题类型，为我列出几个可行的课题题目？题目中不加"："和"——"。

回答：

当然可以。以下是根据你的学科背景和"新模型＋研究对象＋研究问题"型课题选题类型，针对"中国式现代化进程中的共同富裕问题"，为你列出的几个可行的课题题目。

1. 基于议程设置理论的新闻传播对共同富裕政策影响研究。

2. 引导性舆论模型在新闻传播中缩小贫富差距的应用与效果分析。

3. 采用传播模型探讨媒体对劳动力市场流动和共同富裕的影响。

4. 新媒体环境下基于知识传播模型的教育公平与共同富裕研究。

5. 基于网络舆情分析模型的新闻传播对社会保障体系优化的影响研究。

你可根据自己的研究方向和兴趣选择和调整以上课题题目，以期为解决"中国式现代化进程中的共同富裕问题"提供有力的理论支持。

若对提供的课题题目不满意，或想了解更多的题目，申请人可继续提问。

提问：

还能再列几个使用了更为新颖的模型的课题题目吗？

回答:

当然可以。以下是结合一些较为新颖的模型的课题题目,供你参考。

1. 基于复杂网络模型的新闻传播路径对共同富裕政策影响的研究。

2. 采用社交媒体挖掘模型评估网络舆情对贫富差距认知的影响。

3. 基于机器学习模型的新闻报道风格对共同富裕目标实现的影响分析。

4. 利用文本挖掘模型研究网络舆论对公共政策制定与共同富裕的关系。

5. 基于情感分析模型的新闻传播对减少地区发展不平衡的作用研究。

6. 采用深度学习模型探究新闻报道对社会财富再分配的影响机制。

这些课题题目涉及新颖的模型和方法,你可根据自己的研究方向和兴趣进行选择和调整。

通过对参考选题的查看,笔者结合自己的研究兴趣和前期基础,想出了一个课题题目:"基于机器学习模型的主流媒体对共同富裕的舆论引领路径研究"。但是,笔者拿不准这个选题是否可行,于是将其抛给 AI,让 AI 对这一选题的可行性进行判断。

提问:

我现在正申请国家社会科学基金,我拟定的课题题目是"基于机器学习模型的主流媒体对共同富裕的舆论引领路径研究",假设你是课题评审专家,请你对我的选题做出评价,并给出理由。

回答:

作为一名课题评审专家,我认为你的选题"基于机器学习模型的主流媒体对共同富裕的舆论引领路径研究"具有以下优点和不足。

优点如下所示。

1. 高度关联。你的选题紧密围绕"中国式现代化进程中的共同富裕问题",具有较强的现实意义,有利于解决实际问题。

2. 创新性。选题将机器学习模型与主流媒体的舆论引领路径研究相结合,突显了新技术与传统研究领域的融合,具有较高的创新性。

3.方法论优势。采用机器学习模型进行研究，有助于挖掘大量新闻数据中的深层次规律，提高研究的客观性和准确性。

不足如下所示。

1.技术挑战。选题涉及机器学习模型的应用，对研究者技术掌握程度有一定要求，研究可能面临技术实现的挑战。

2.数据收集与处理。基于机器学习的研究需要大量的数据支持，数据收集、清洗和预处理可能有一定难度。

3.研究细化。选题需要进一步明确主流媒体的范围、共同富裕的具体定义和测量指标，以便在研究过程中更加明确和具体。

建议如下所示。

1.明确研究对象。进一步细化主流媒体的界定，以及共同富裕的测量指标。

2.加强技术准备。在研究过程中，需要加强对机器学习模型的理解和应用能力，以确保研究的有效性。

3.数据策略。确保数据来源的可靠性和完整性，以便为机器学习模型提供高质量的训练数据。

在 AI 对笔者拟定选题所做的"不足"评判中，笔者发现，AI 认为选题还需要进一步细化研究对象，比如"主流媒体"的范畴太大，共同富裕的测量指标还需进一步明确和具体化，因此，笔者进行了如下追问。

提问：

你能帮我进一步细化主流媒体的界定和共同富裕的测量指标吗？

回答：

当然可以。以下是关于主流媒体界定和共同富裕测量指标的进一步细化建议。

主流媒体界定考虑以下几个因素。

1.品牌影响力。选择具有较强品牌影响力的媒体，如人民日报、新华社、中央广播电视总台等，它们在公众心中具有较高的认知度和权威性。

2.传播渠道。主流媒体可以根据传播渠道进行细分，如报纸、电视、广播、网络新闻、社交媒体等。每种渠道可能具有不同的受众和影响力。

3. 传播指标。可以根据媒体的传播指标，如点击率、阅读量、转发量等来评估媒体的影响力。这有助于筛选出具有较大传播效果的媒体。

共同富裕测量指标包含以下几个指标。

1. 经济增长。可以通过 GDP 增速、人均 GDP 等指标来衡量经济增长水平，进而了解共同富裕政策对经济发展的影响。

2. 区域发展均衡。关注区域间发展差距，如城乡收入差距、东中西部地区发展水平差距等，以评估共同富裕政策在缩小区域发展差距方面的成效。

3. 劳动力市场。衡量劳动力市场状况的指标，如就业率、失业率等，可以反映共同富裕政策在促进就业方面的作用。

4. 生活水平。关注居民生活水平的改善，如人均可支配收入、消费水平、住房条件等，以评估共同富裕政策在提高民生福祉方面的贡献。

在进行研究时，你可以根据实际情况和研究目的对主流媒体的界定和共同富裕测量指标进行适当调整，以确保研究结果的有效性和可靠性。

结合 AI 的回答，笔者将原拟定选题中的主流媒体聚焦到中央广播电视总台新媒体平台，让 AI 再对新的题目进行评价。

提问：

我现在正申请国家社会科学基金项目，我拟定的课题题目是"基于机器学习模型的中央广播电视总台新媒体平台对共同富裕的舆论引领路径研究"，假设你是课题评审专家，请你对我的选题做出评价，并给出理由。

回答：

作为一名假设的课题评审专家，我认为你的选题"基于机器学习模型的中央广播电视总台新媒体平台对共同富裕的舆论引领路径研究"具有一定的研究价值和现实意义。以下是我的评价和理由。

1. 针对性强。你的选题明确聚焦的中央广播电视总台新媒体平台，是中国主流媒体的重要组成部分，具有较强的影响力和较大的覆盖面。研究其在共同富裕问题上的舆论引领路径，有助于揭示主流媒体在社会发展中的作用。

2. 方法创新。运用机器学习模型对中央广播电视总台新媒体平台的舆论引领路径进行研究，是一种新颖的研究方法。机器学习可以处理大量的数据，挖掘出潜在的规律和模式，有望为研究提供更加深入的见解。

3. 研究意义。共同富裕是中国社会发展的重要目标，探讨主流媒体在共同富裕问题上的舆论引领路径，可以为政策制定者和舆论监督者提供有益的参考，促进媒体更好地履行自己的社会责任。

4. 挑战性。虽然选题具有一定的研究价值，但要注意，运用机器学习模型进行研究可能面临一定的技术挑战，如数据收集、预处理、模型选择和训练等方面的问题。因此，进行研究时，你需要具备一定的技术背景和能力，或与相关领域的专家合作，以确保研究的有效性和可行性。

总体来说，你的选题具有一定的研究价值，但需要注意应对技术挑战，确保研究的有效性和可行性。祝你申请国家社会科学基金项目取得成功！

AI 对笔者修订后的新课题题目进行了评价，而且从多个方面进行了较为详细的分析，这对进一步思考拟定课题题目大有裨益。不过，申请人在借助 AI 寻找课题选题的过程中也会遇到这样的疑惑：通过问答和自己的学术思辨，申请人的确找到了一个自己比较满意的"新模型 + 研究对象 + 研究问题"型课题选题，但是对 AI 提供的这一模型，申请人并不是很熟悉。正确的解决办法是：申请人要对拟选定的研究模型进行深入系统的学习，毫无捷径可走。当然，可以先通过 AI 初步了解拟选定的模型。

提问：

什么是机器学习模型？这个模型具体的结构或指标是什么？

回答：

机器学习模型是一种基于数据训练出的数学模型，可以从输入数据中学习到潜在的规律和模式，并根据这些规律和模式对新数据进行预测和分类。机器学习模型涵盖了不同的算法和技术，包括监督学习、无监督学习、半监督学习和强化学习等。

具体的结构或指标因模型类型而异。以下是几种常见的机器学习模型及其结构或指标。

1. 线性回归。线性回归是一种简单的机器学习模型，通过拟合输入特征与目标变量之间的线性关系进行预测。模型的结构包括权重（系数）和截距。

2. 决策树。决策树是一种树形结构的模型，从根节点到叶节点表示数据的划分过程。每个内部节点表示一个特征上的判断条件，叶节点表示一个类别或回归值。模型的指标包括节点划分准则（如信息增益、基尼系数等）和树的深度。

3. 支持向量机（SVM）。SVM 是一种监督学习模型，用于解决分类和回归问题，通过寻找一个超平面，将不同类别的数据分开，使其间隔最大化。模型的结构包括支持向量和超平面参数。

4. 神经网络。神经网络是一种模拟人脑神经元结构的模型，包括输入层、隐藏层和输出层。神经元之间通过权重连接。模型的结构包括层数、每层的神经元个数、激活函数和权重。

5. 集成学习。集成学习通过组合多个基学习器（Base Learner），如决策树、SVM 等来提高预测性能。常见的集成方法有 Bagging、Boosting 和 Stacking。模型的结构包括基学习器类型、数量和组合策略。

每种机器学习模型都有自己的特点和应用场景，需要根据具体问题和数据特性来选择合适的模型。

提问：

机器学习模型是一种理论模型还是一种技术？

回答：

机器学习模型既可以被视为一种理论模型，也可以被视为一种技术。从理论角度来说，机器学习模型基于数学原理，通过算法描述数据的模式和规律。而从技术角度来看，机器学习模型是一种实际应用的工具，可以用于解决现实世界中的各种问题，如图像识别、自然语言处理、预测分析等。

总之，机器学习模型在理论上有一套完整的数学基础和算法框架，同时也是一种实际应用的技术，可以帮助我们解决复杂的现实问题。

通过上述提问，申请人会对拟选定的模型有一个初步的认知，在此基础上，申请人要找来相关的文献，全面、系统地了解和学习该模型。在学习的过程中，申请人会对拟定的选题有更深入的认知，研究思路和内容框架也会一点点清晰起来。

> **小结：** "新模型＋研究对象＋研究问题"型课题选题中使用的模型是较已有相关研究而言的新模型，或是从其他学科甚至是从自然科学领域中借鉴而来的模型，或申请人基于前期研究而提出的新模型。申请人在使用 AI 寻找此类选题时，要善于引导 AI 将与既定研究问题相关的新颖独特的模型挖掘出来。但这只是第一步，申请人还须对这一新颖的模型进行全面深入的学习。

（七）"新学科＋研究对象＋研究问题"型

此处的新学科，即新兴学科，是指近年来应对社会发展、科技进步和知识体系变革而产生的新的学科领域。

新兴学科通常具有以下特点。

（1）前沿性。新兴学科往往涉及尚未完全解决的问题和挑战，是学术研究的前沿领域，具有一定的探索性。

（2）跨学科性。新兴学科通常涉及多个学科领域，需要将不同学科的知识和方法进行整合，以便从多个角度解决问题。

（3）应用性。新兴学科往往关注现实生活中的问题和需求，具有较强的应用性和实践价值。

（4）创新性。新兴学科具有较强的创新性，需要研究者不断提出新的理论、方法和技术来推动学科的发展。

（5）发展潜力。新兴学科往往具有较大的发展潜力。随着科技进步和社会需求的变化，新兴学科有可能成为未来学术界和产业界发展的重要动力。

以下是几个 2022 年国家社会科学基金立项课题的题目。

[1] 进化语言学视域下人工智能自然语言处理模式研究（哲学，青年项目）。

[2] 计量语言学视域下多维源语特征对口译质量的影响和预测模型研究（语言

学，青年项目）。

　　[3] 技术现象学视角下智能算法嵌入社会与治理研究（社会学，一般项目）。

　　从上面的题目可以看出，进化语言学、计量语言学、技术现象学都是跨学科的产物，是多个学科相互融合发展后所产生的新兴学科。那么，此类课题选题具有什么特点呢？

提问：

　　"进化语言学视域下人工智能自然语言处理模式研究""计量语言学视域下多维源语特征对口译质量的影响和预测模型研究"和"技术现象学视角下智能算法嵌入社会与治理研究"等选题涉及的进化语言学、计量语言学、技术现象学都是新兴学科，因此，这几个选题有这样一个特点：将某一种新兴学科作为研究视角或切入点，并且将某种新兴学科直接体现在题目中，这种类型的选题可以称为"新学科＋研究对象＋研究问题"型课题选题类型，你明白了吗？请问"新学科＋研究对象＋研究问题"型课题选题有什么特点？

回答：

　　明白了。"新学科＋研究对象＋研究问题"型课题选题具有以下特点。

　　1. 研究视角创新。选题以新兴学科为研究视角或切入点，能够提供新的理论框架和方法论，有助于拓展研究范围，提升研究的深度和广度。

　　2. 跨学科性。这种课题选题类型往往涉及多个学科的知识体系，需要研究者具备较强的跨学科知识背景和研究能力，有利于促进学科间的交流和合作。

　　3. 研究对象的时代性。这种课题选题类型通常关注当代社会现象、问题或技术，具有较强的时代性和现实针对性，有助于解决实际问题。

　　4. 研究方法创新。新兴学科往往带来新的研究方法和技术，有利于提高研究的科学性和有效性。此类选题可能需要研究者掌握和运用新的研究方法，以取得更可靠的研究成果。

　　5. 研究成果价值高。由于新兴学科的研究领域尚处于发展阶段，相关研究成果具有较高的学术价值和实践意义，有助于推动学科发展和解决实际问题。

总的来说，"新学科＋研究对象＋研究问题"型课题选题具有创新性、跨学科性、时代性、研究方法创新和研究成果价值高等特点。这种课题选题类型对研究者提出了较高的要求，包括跨学科知识背景、研究能力和创新意识等。

此类选题将新兴学科作为研究视角，开拓了研究范围，有利于研究深度和广度的提升。当然，新兴学科的体系还处于发展中，研究领域和范畴也在不断变化，这也对此类选题的申请人提出了更高的要求。

提问：

选择"新学科＋研究对象＋研究问题"型课题选题对申请人有怎样的要求？

回答：

选择"新学科＋研究对象＋研究问题"型课题选题对申请人有以下要求。

1. 跨学科知识背景。申请人需要具备相关新兴学科的基本理论知识，同时了解与研究对象相关的其他学科知识，以便能够在跨学科的背景下展开研究。

2. 研究能力。申请人需要具备扎实的研究能力，包括提出有价值的研究问题、设计合适的研究方案、运用恰当的研究方法以及撰写高质量的研究报告等。

3. 创新意识。申请人应具备较强的创新意识，能够发现并关注新兴学科领域的前沿问题，提出具有创新性的研究问题和研究方法。

4. 学术沟通与合作能力。由于新学科研究往往涉及多个学科领域，申请人需要具备良好的学术沟通和合作能力，以便在研究过程中与其他领域的专家进行交流和合作。

5. 学术素养。申请人应具备较高的学术素养，遵循学术规范，确保研究过程和成果的科学性、客观性和真实性。

6. 适应性。由于新兴学科的发展较快，申请人需要具备较强的适应性，能够迅速掌握新的理论和方法，应对研究领域的变化。

总之，选择"新学科＋研究对象＋研究问题"型课题选题对申请人提出了较高的要求，包括跨学科知识背景、研究能力、创新意识、学术沟通与合作能力、学术素养和适应性等。申请人需要在这些方面具备一定的实力，以确保研究的顺利开展和形成高质量的研究成果。

在申请人和 AI 对此类课题选题有所了解的基础上，申请人可以围绕感兴趣的综合性选题，让 AI 提供几个与该选题密切相关的或能够解决既定问题的新兴学科。笔者通过多次调试，发现向 AI 指定具体的格式，即"某某学"，会取得较好的效果，否则答案中往往会列出一些不是新兴学科的内容。

提问：

我现在正申请 2023 年国家社会科学基金项目，我想采用"新学科 + 研究对象 + 研究问题"型课题选题类型，请帮我列几个能够解决"中国式现代化进程中的共同富裕问题"的新兴学科，格式为"某某学"。

回答：

申请国家社会科学基金项目时，选择涉及"中国式现代化进程中的共同富裕问题"的新兴学科可以更好地体现你的创新性和独特视角。以下是一些建议的新兴学科，它们可以帮助你更深入地研究这一问题。

1. 可持续发展经济学。关注经济、环境和社会三大支柱的可持续发展，着眼于资源配置、收入分配以及环境保护等方面的问题，以实现全体人民共同富裕为目标。

2. 社会创新学。研究社会创新对解决共同富裕问题的影响和作用，包括新型经济组织形式、社会企业、公共—私营合作等方面的内容。

3. 数字社会学。关注数字技术如何影响社会经济结构和收入分配，从而助力实现共同富裕。

4. 城乡融合发展学。研究城乡发展差距如何影响共同富裕问题，以及如何通过政策、产业转移等手段促进城乡融合，实现共同富裕。

5. 普惠金融学。研究如何通过普惠金融政策和服务，为广大群众提供公平的金融资源，以助力共同富裕。

6. 社会保障与福利经济学。关注如何通过完善社会保障体系、提高福利水平等手段，缩小收入差距，实现共同富裕。

7. 人工智能伦理学。研究人工智能技术在经济社会发展中的应用与伦理问题，如何确保技术发展惠及所有人，实现共同富裕。

这些新兴学科可以从不同角度为你研究"中国式现代化进程中的共同富裕问题"提供理论支持和实践指导。在选择课题时，可以根据你的兴趣和研究背景选择一个或多个学科进行深入探讨。祝你申请顺利！

提问：

结合上述建议，请围绕"中国式现代化进程中的共同富裕问题"，为我列几个采用"新学科＋研究对象＋研究问题"型课题的题目，题目中不带"："和"——"。

回答：

根据你的要求，以下是一些建议的课题题目，结合了新兴学科、研究对象和研究问题。

1. 可持续发展经济学视角下中国资源配置优化与共同富裕的实现途径研究。

2. 社会创新学与乡村振兴战略的结合：探索中国农村共同富裕新模式。

3. 数字社会学视野中的智慧城市建设如何促进共同富裕问题解决。

4. 城乡融合发展学研究背景下的中国区域协调发展与共同富裕关系分析。

5. 普惠金融学在中国小微企业融资中的应用及对共同富裕的推动作用。

6. 社会保障与福利经济学视角下完善中国养老保险制度的路径选择与共同富裕实现。

7. 人工智能伦理学在中国数字经济中的作用与共同富裕问题的解决策略。

希望这些课题题目能够为你在申请国家社会科学基金项目时提供一些参考。在选择题目时，你可以根据自己的研究兴趣和背景进行适当调整，以确保课题有针对性和实际应用价值。祝你申请顺利！

针对 AI 给出的新兴学科，申请人要对这些新兴学科进行验证，看其是否存在或是否准确。验证结果表明，像"普惠金融学""城乡融合发展学"就是 AI 杜撰出来的，而"社会创新学"应为"创新社会学"。

由上面的回答可以看出，由于申请人没有明确告知 AI 自己的研究领域或学科方向，AI 提供的选题还是比较宽泛的，涉及多个学科。根据 2023 年国家社会科学基金项目申报要求，综合性选题要在具体的学科内进行申报，因此，申请人要明确学科领域后，进一步调试提问。

提问：

我现在正申请 2023 年国家社会科学基金项目，我是学新闻传播学的，有一个推荐选题是"中国式现代化进程中的共同富裕问题"，但是不能用原题目进行申报，我想采用"新学科＋研究对象＋研究问题"型课题选题类型，请帮我列几个课题题目，题目中不带"："和"——"。

回答：

作为新闻传播学研究者，你可以将专业知识与"中国式现代化进程中的共同富裕问题"相结合，从不同的传播角度提出独特的课题。以下是一些建议的课题题目，分别涉及新学科、研究对象和研究问题。

1. 基于数据新闻学的中国共同富裕问题舆论分析与传播策略研究。
2. 社交媒体平台在中国共同富裕问题中的信息传播与影响力分析。
3. 新媒体环境下的中国共同富裕问题宣传机制与优化路径研究。
4. 传播心理学视角下的共同富裕观念塑造与传播效果评估。
5. 基于媒介融合发展的中国共同富裕问题传播创新与实践探索。
6. 新闻传播伦理学在中国共同富裕问题报道中的应用及其挑战。
7. 公共外交与国际传播中中国共同富裕战略[①]的传播策略研究。

希望这些课题题目能够为你申请国家社会科学基金项目提供一些参考。在选择题目时，你可以根据自己的研究兴趣和背景进行适当调整，以确保课题的针对性和实际应用价值。祝你申请顺利！

> **小结：** 在上述回答中，数据新闻学、传播心理学属于新学科；新闻传播伦理学的表述不准确，应为新闻伦理学，也属于新学科；而其他几条推荐题目里并未涉及新兴学科。因为新学科是多个学科的交叉，还应用了新技术或

---

① 注意："中国共同富裕战略"这一说法是不准确的，实现全体人民共同富裕是中国式现代化的重要战略目标之一。此处，笔者为了还原 AI 回答的原貌，将这一说法予以保留，但这个说法是不准确的。

新方法，所以 AI 的回答中往往混淆了新学科、新方法、新技术、新情境和新思路等，而如果限定了输出格式，比如"某某学"，AI 又有可能产生"机器幻想"，进而"一本正经地胡说八道"，所以，针对这一课题选题类型进行提问时，申请人需要具备一定的学术辨别力。

（八）"新技术 + 研究对象 + 研究问题"型

技术（technology）是一种应用科学原理、实践知识和技巧来设计、制造和使用工具、设备、系统和过程的方法，以解决问题、实现目标或改善现有解决方案的有效性。技术的发展和应用不仅受到科学知识的驱动，还受到社会、经济和文化因素的影响。技术有不同的类型和应用领域，包括信息技术、生物技术、制造技术、交通技术、通信技术、建筑技术等。随着科学研究的发展，技术不断发展，推动人类社会的进步。技术可以使人类更有效地利用资源，提高生产力，促进经济发展，提高人们的生活质量。人文社会科学研究也需要使用各种技术。虽然人文社会科学与自然科学和工程学等在研究方法和关注的问题上有很大的差异，但在人文社会科学研究过程中，技术在多个方面发挥着重要作用。

以下是几个 2022 年国家社会科学基金立项课题的题目。

[1] 基于区块链技术的食品安全问题治理模式重构研究（管理学，青年项目）。

[2] 基于机器学习技术的校园欺凌主动识别及干预研究（社会学，一般项目）。

[3] 数字技术推动社会治理共同体建设的运行机制与实践路径研究（政治学，青年项目）。

[4] 数字技术驱动乡村治理效能提升的机理与路径研究（政治学，青年项目）。

[5] 神经定位与调控技术相结合的汉语语法加工与学习的神经机制研究（语言学，青年项目）。

[6] 超网络视角下制造业国有企业数字化转型与价值共创行为研究（管理学，青年项目）。

从以上立项课题题目能够看出，这些课题选择了区块链、机器学习、大数据等近年来出现或飞速发展的新技术，而这些新技术的使用使选题具有了创新性，构成了"新技术＋研究对象＋研究问题"型课题选题。

提问：

"基于区块链技术的食品安全问题治理模式重构研究"和"基于机器学习技术的校园欺凌主动识别及干预研究"等选题有这样一个特点，即将某一种先进技术作为研究的工作、方法或视角，并且将这种技术直接体现在题目中，这种类型的选题可以称为"新技术＋研究对象＋研究问题"型课题选题类型，你明白了吗？请问"新技术＋研究对象＋研究问题"型课题选题有什么特点？

回答：

明白了，"新技术＋研究对象＋研究问题"型课题选题类型将某一种先进技术与研究对象和研究问题相结合。这种课题选题类型具有以下特点。

1. 创新性。这种类型的课题选题强调运用新技术来解决研究对象和研究问题，能够为相关领域带来新的研究视角和方法，具有较高的创新性。

2. 实用性。新技术在解决实际问题时往往具有较强的实用性，可以在解决研究问题的过程中提高研究效率、降低研究成本，形成更加精确和实用的研究结果。

3. 跨学科性。新技术往往涉及多个学科领域，这种选题类型容易促使研究者从多学科的视角来审视研究问题，有助于发现问题的多维度和深层次特征。

4. 可扩展性。这种课题选题类型侧重运用新技术来解决特定的研究对象和研究问题，但新技术本身具有很强的通用性和扩展性，可以应用于其他领域和场景。

5. 挑战性。由于新技术在很多领域尚处于探索阶段，这种课题选题类型可能面临技术成熟度、数据获取、技术应用等方面的挑战，研究者需要付出更多的努力和时间来应对这些挑战。

总的来说，"新技术＋研究对象＋研究问题"型课题选题类型具有较高的创新性、实用性和挑战性，对研究者的技术能力和跨学科知识具有一定的要求。在实际研究过程中，研究者需要充分了解新技术的特点和局限性，灵活运用新技术来解决研究问题。

对于学术研究而言，一些新技术的引入确实能够帮助申请人更深入地认知研究对象，针对研究问题的解决为申请人打开新的视角和研究通道。然而，这并不意味着人文社会科学研究完全依赖技术——技术只是为研究提供了工具和支持。人文社会科学研究的核心仍然是对人类行为、文化、历史和社会现象的深入理解和解释。在这一过程中，研究者需要运用批判性思维、创造性思维和跨学科的知识，揭示现象背后的原因、机制和意义。

提问：

选择"新技术＋研究对象＋研究问题"型课题选题对申请人有什么要求？

回答：

选择"新技术＋研究对象＋研究问题"型课题选题对申请人有以下要求。

1. 技术熟练度。申请人需要熟悉并掌握相关新技术的原理和应用方法，具备使用新技术解决实际问题的能力。这可能包括编程技能、数据处理、算法设计等方面的技能。

2. 跨学科知识。申请人应具备跨学科的知识背景，能够将新技术与研究对象和研究问题相结合，从多学科的视角审视研究问题，发现问题的多维度和深层次特征。

3. 创新思维。申请人需要具备创新思维，能够运用新技术提出具有创新性的研究方法和解决方案，推动领域内研究的进步。

4. 实际操作经验。申请人最好具备一定的实际操作经验，能够将新技术与实际问题相结合，在解决研究对象和研究问题的过程中展现实用性和有效性。

5. 学术素养。申请人需要具备良好的学术素养，遵循学术规范和伦理要求，确保研究的可靠性和有效性。

6. 沟通与合作能力。由于新技术研究往往涉及多个学科领域和多个研究者的合作，申请人需要具备良好的沟通与合作能力，能够与团队成员有效协作完成研究任务。

综上所述，选择"新技术＋研究对象＋研究问题"型课题选题对申请人有较高的要求，申请人需具备技术熟练度、跨学科知识、创新思维、实际操作经验、学术素养和沟通与合作能力。在实际研究过程中，申请人应充分了解新技术的特点和局限性，并灵活运用新技术来解决研究问题。

AI 的回答表明，此类课题选题的申请人既需要掌握先进的技术，又需要具备较强的思辨能力，二者缺一不可。

在申请人和 AI 对"新技术＋研究对象＋研究问题"型课题选题有了一定认知的基础上，申请人可围绕感兴趣的综合性选题，让 AI 提供几个能够解决既定问题的新技术。

提问：

我现在在申请国家社会科学基金项目，有一个推荐选题是"中国式现代化进程中的共同富裕问题"，但是不能用原题目进行申报，我想采用"新技术＋研究对象＋研究问题"型课题选题类型，请帮我列几个切实能够解决这一问题的新技术。

回答：

以下是几个可以应用于解决"中国式现代化进程中的共同富裕问题"的新技术。

1. 大数据分析。大数据技术可以对大量、多样化的数据进行深度挖掘和分析，揭示共同富裕背后的规律和趋势，为政策制定和实施提供科学依据。

2. 人工智能和机器学习。通过人工智能和机器学习技术，可以建立预测模型，分析共同富裕的影响因素和潜在风险，为政策制定提供定量化支持。

3. 社交网络分析。社交网络分析技术有助于理解社会各群体间的关系和互动模式，从而揭示共同富裕问题中的社会结构为促进共同富裕提供参考。

4. 区块链技术。区块链技术可以确保信息的透明度、可追溯性和不可篡改性，有助于保障政策执行效果和公共资源分配的公平性，进而推动共同富裕。

5. 自然语言处理技术。自然语言处理技术可以帮助研究者从大量的文本数据中提取有关共同富裕问题的关键信息，为政策制定和评估提供数据支持。

6. 地理信息系统。地理信息系统技术有助于研究共同富裕问题的空间分布和地域特点，为地区发展和区域政策提供科学依据。

7. 计算社会科学。计算社会科学将计算机科学、统计学和社会科学相结合，可以帮助研究者更深入地了解共同富裕背后的社会现象和行为规律。

8. 情感分析技术。情感分析技术可以帮助研究者从大量的在线数据中提取公众对共同富裕问题的态度和情感，为政策制定和舆情管理提供参考。

9. 代际分析和微观模拟技术。代际分析和微观模拟技术可以帮助研究者分析共同富裕问题在不同年代和社会群体中的表现，为政策制定提供精细化的依据。

10. 可视化分析技术。可视化分析技术可以将复杂的数据和模型结果以直观的形式呈现出来，有助于研究者更好地理解共同富裕问题的复杂性和多维度特征。

11. 云计算和边缘计算技术。云计算和边缘计算技术为大规模的数据处理和分析提供了强大的计算能力，可以支持研究者对共同富裕问题进行深入、全面的研究。

12. 物联网技术。物联网技术可以帮助研究者实时收集和分析有关共同富裕问题的各类数据，为政策制定和监测提供实时、动态的信息支持。

这些新技术在解决"中国式现代化进程中的共同富裕问题"方面具有很大的潜力，可以为研究者提供新的视角和方法。

小结：课题选题创新有很多种，技术创新便是其中之一，这也是"新技术＋研究对象＋研究问题"型课题选题的核心要素。但是，这种课题选题往往要求申请人具有跨学科的视野，对新技术保持敏锐性并熟练掌握新技术的使用技巧，同时还要具有较强的学术研究能力和理论思辨能力，理论与实践并重在此类课题选题中显得尤为重要。AI 能够为申请人围绕某一方向性选题提供一些新兴的技术，但需要申请人结合自身的条件进行选择，如果申请人驾驭不了某一种新技术，即便该选题特别新颖，也只能放弃。

（九）"新对象＋研究问题"型

如前所述，限定词不是必需的，有的课题在题目中就没有出现限定词，而这类课题的创新往往体现在申请人将研究视角聚焦到新事物、新现象、新群体、新领域、新工种、新平台……以此作为研究对象，笔者将这类课题选题称为"新对象＋研究问题"型课题选题。

以下是几个 2022 年国家社会科学基金立项课题的题目。

[1]"躺平"青年的群体特征、心理监测与成长干预研究（社会学，一般项目）。

[2]乡村振兴背景下返乡青年的数字影像实践及乡村生活方式重建研究（新闻学与传播学，一般项目）。

[3]新时代我国老年人陪伴机器人使用与智慧养老路径研究（新闻学与传播学，一般项目）。

上述选题关注的"躺平"青年是近年来跟随"躺平"现象而出现的新群体，返乡青年则是在乡村振兴背景下出现的新群体，老年人陪伴机器人则是在智能媒体时代已然来临的当下随着老龄社会问题的突显而出现的新生事物。这些研究对象非常新，但又是当下大家十分关注的新现象或新生事物，随着这些新生事物的出现，一些新问题也随之而来。当"躺平"心理在青年群体中不在少数，怎样帮助"躺平"青年群体呢？随着乡村振兴的推进，青年纷纷返乡创业和居住，这对活跃乡村产业、繁荣乡村文化至关重要，但是返乡青年的精神生活质量该如何提升？他们的乡村生活方式在短视频等新媒体无孔不入的当下又该如何重建呢？老年人陪伴机器人解决了很多老年人和有照顾老年人需求但又没时间的子女们的后顾之忧，但是如何指导老年人熟练使用机器人呢？人们又该如何对待和适应人工智能带来的智慧养老模式呢？这些显然成为亟待研究者去解决的时代课题。

"新对象＋研究问题"型课题选题有哪些特点呢？

提问：

基于"躺平"青年的群体特征、心理监测与成长干预研究、乡村振兴背景下返乡青年的数字影像实践及乡村生活方式重建研究、新时代我国老年人陪伴机器人使用与智慧养老路径研究的选题中，"躺平"青年、返乡青年、老年人陪伴机器人属于新生事物，像这种以新生事物（包括新出现的人群、事物或现象等）为研究对象的选题类型被称为"新对象＋研究问题"型。请问"新对象＋研究问题"型课题选题有什么特点？

回答：

"新对象＋研究问题"型课题选题的有以下几个特点。

1. 研究对象具有新颖性和独特性。这些选题所涉及的研究对象是以前鲜有涉及或尚未被深入研究的，这使得这些选题更具创新性和探索性。

2. 研究对象的现实意义强。这些选题所涉及的研究对象往往是与当前社会热点、问题和发展趋势密切相关的，因此对于解决实际问题、推动社会进步和发展具有重要的现实意义。

3. 研究问题具有多维度性和复杂性。这些选题所涉及的研究问题常常涉及多个学科领域，需要跨学科综合研究，同时也常常具有复杂性和多样性，需要多角度、多层次的分析和解决。

4. 研究方法创新性强。这些选题所涉及的研究对象和问题往往需要采用新的研究方法和技术手段，包括定量和定性研究方法、实证和理论研究方法、多媒体和数字化研究方法等。

5. 研究成果具有推广性和应用性。这些选题所涉及的研究成果往往具有一定的推广性和应用性，能够为相关领域的决策者、实践者、学者和公众提供有益的参考和指导。

可以说，并不是所有的学者都能敏锐地发现新的研究对象。即便发现了新的研究对象，也不是所有学者都能轻松驾驭，因为研究对象是新的，学界对它的认识才刚刚开始。随着新事物的发展，新的研究对象很有可能出现更新的特征或发生变化。新对象的价值在于新，但也因"新"而难以把握。所以，该课题选题类型对申请人提出了一些新要求。

提问：

选择"新对象＋研究问题"型课题选题对申请人有怎样的要求？

回答：

选择"新对象＋研究问题"型课题选题对申请人的要求主要包括以下几点。

1. 理解新研究对象。申请人需要对新研究对象有深入的了解，包括背景、特点、发展历程和现状等。这有助于申请人更好地提出针对新研究对象的研究问题和目标。

2. 明确研究问题。申请人需要明确研究问题，能够识别新研究对象所面临的尚未解决或有待深入研究的问题。这要求申请人具有一定的研究敏感性和创新意识，能够提出有价值的研究问题。

3. 掌握研究方法。申请人需要熟练掌握相关的研究方法，包括数据收集、数据分析和结果呈现等。这要求申请人具备扎实的研究能力，能够运用适当的研究方法解决实际问题。

4. 跨学科背景。由于"新对象＋研究问题"型课题可能涉及多个学科领域，申请人需要具备一定的跨学科背景知识，能够整合不同领域的知识，为解决研究问题提供新的视角和思路。

5. 团队协作和沟通能力。这类课题往往需要申请人与来自不同领域的专家进行合作，分享资源和知识。因此，申请人需要具备良好的团队协作和沟通能力，能够有效地与他人合作完成研究任务。

6. 适应性和学习能力。新研究对象可能涉及申请人不熟悉的领域，因此申请人需要具备较强的适应性和学习能力，能够迅速掌握新领域的知识和技能，以便更好地进行研究。

总之，选择"新对象＋研究问题"型课题选题对申请人提出了较高的要求，需要申请人具备专业知识、研究能力、创新意识和团队协作能力等方面的素质。

在对该课题选题类型有一定认知的基础上，便可围绕综合性选题条目尝试向 AI 询问选题涉及的领域内出现了哪些新生事物。

提问：

将"中国式现代化"作为情境，将"共同富裕问题"作为研究问题，会出现哪些新的劳动群体？

回答：

将"中国式现代化"作为情境，以"共同富裕问题"为研究问题，可能出现以下新的劳动群体。

1. 新兴产业工人。随着中国经济的转型和升级，新兴产业的发展成为推动经济增长和实现共同富裕的重要力量。在这一发展过程中出现的新兴产业工人拥有较高的技能和薪酬，具有一定的社会地位和影响力。

2. 创新型科技人才。在中国式现代化进程中，科技创新成了推动经济发展和促进共同富裕的重要因素。在科技创新中，科技精英不断涌现，他们具有高超的技术和创新能力，具有较高的社会地位和影响力。

3. 中等收入群体。随着中国经济的发展和社会结构的变化，中等收入群体成为中国社会中的一个重要群体。他们拥有较高的收入和社会地位，对经济、政治和文化生活具有重要的影响力。

4. 非传统就业群体。在中国式现代化进程中，随着新经济、新业态的不断涌现，非传统就业群体成了一个重要群体。他们的工作形式和就业方式与传统的工薪群体有很大不同，如自由职业者、网络主播、共享经济从业者等，他们的社会地位和经济状况也与传统的工薪群体有所不同。

这些新的劳动群体的涌现和发展将对中国社会的结构和动态产生深刻的影响，需要引起研究者的关注和探讨。

由此可见，AI 给出的新的研究对象是很值得关注的，申请人可针对既定的选题方向让 AI 提供几个符合此类课题选题要求的题目。

提问：

结合以上新劳动群体，采用"新对象＋研究问题"型课题选题类型，围绕"中国式现代化进程中的共同富裕问题"，提供几个课题题目。

回答：

1. 新兴产业工人的就业质量与共同富裕路径研究：以华为公司为例。

2. 创新型科技人才的社会责任感与共同富裕实践研究：以中国科学院为例。

3. 中等收入群体的消费习惯与共同富裕路径研究：以上海市为例。

4. 非传统就业群体的社会保障与共同富裕政策研究：以北京市为例。

5. 农村新型职业农民的收入增长与共同富裕实践研究：以江苏省为例。

6. 青年创业就业的社会价值与共同富裕贡献研究：以深圳市为例。

以上课题都是以"中国式现代化进程中的共同富裕问题"为主题，以新涌现的劳动群体为研究对象，提出具体的研究问题，旨在深入探讨新涌现的劳动群体在中国式现代化进程中的角色和作用，为实现共同富裕提供有益的思路和建议。

从给出的题目可以看到，AI 又"不听话"了，题目中出现了副标题，这是因为在提问里漏掉这一要求。这就说明了提问的重要性，以及根据回答不断地对提问进行调整的必要性。

小结： 针对"新对象 + 研究问题"型课题选题的提问句型可总结为：

我是一位高校教师，我现在正申请【某级别课题】，将【某情境】作为情境，将【某问题】作为研究问题，会出现哪些【新生事物】? 结合以上【新生事物】，采用"新对象 + 研究问题"型课题选题类型，围绕"【推荐选题】"，提供几个课题题目，要求题目中不带"："和"——"。

第二节　借助 AI 寻找学科选题的申报题目

根据《2023 年度国家社会科学基金项目申报公告》的规定，课题指南中除了综合性选题，还设有各学科选题。与以往不同的是，各学科选题不再区分方向性条目和具体条目，申请人可直接按照选题条目申报，也可选择不同视角、方法对选题条目进行调整。根据这一要求，申请人在借助 AI 尝试围绕各学科选题条目寻找选题时，可以采用整体性提问和针对要素提问两种提问方式。

一、借助 AI 整体性寻找学科选题的申报题目

如前所述，《国家社会科学基金项目 2023 年度课题指南》中的各学科选题可以直接作为课题题目，针对各学科选题的这一特点，可以通过整体性提问来初步了

解某一选题。

此处选择课题指南中管理学学科里的第 53 条选题条目："共同富裕视域下的乡村工业创新发展研究"，申请人可向 AI 进行如下提问。

提问：

有这么一个选题："共同富裕视域下的乡村工业创新发展研究"，请帮我分析一下这个选题的各个要素。

回答：

这个选题"共同富裕视域下的乡村工业创新发展研究"涉及的要素可以从以下几个方面进行分析。

1. 核心概念：共同富裕。这是研究的主要背景和视角。共同富裕强调的是社会经济发展的均衡性和普惠性，意味着所有人都能分享到经济增长的成果，减少贫富差距。

2. 研究对象：乡村工业。这是研究的主要对象。乡村工业通常指的是在乡村地区进行的工业生产活动，它可能包括各种规模的制造业、加工业等。

3. 研究焦点：创新发展。这是研究的主要内容。创新发展强调的是如何通过技术、管理、模式等方面的创新来推动乡村工业的持续、健康和高质量的发展。

4. 研究目的和意义。从共同富裕的视角出发，探讨乡村工业创新发展的路径、机制和策略，旨在为乡村工业的可持续发展提供理论和实践指导，促进乡村地区的经济增长和社会稳定。

这个选题结合了当前的社会经济背景和乡村工业发展的实际问题，具有很高的研究价值和实践意义。希望这些分析能帮助你更好地理解和深入研究这个选题。

AI 从核心概念、研究对象、研究焦点（研究内容）、研究目的和意义 4 个方面对该选题进行了初步分析。从分析中可以看出，AI 还是能为申请人带来很多启发的。对于学术研究来说，研究方法是很重要的，而且新颖得当的研究方法往往也能成为课题的特色和亮点。因此，此处继续问 AI 该选题可以采用哪些研究方法。

提问:

这个选题可采用哪些研究方法?

回答:

这个选题可以采用以下研究方法。

1. 文献综述法。通过查阅相关文献,梳理和分析已有的研究成果和相关政策文件,了解共同富裕视域下乡村工业创新发展的现状和问题,探索解决问题的途径和方法。

2. 实证研究法。通过对乡村工业创新发展的实地调研和数据收集,分析当前乡村工业创新发展的状况和存在的问题,探索共同富裕视域下推动乡村工业创新发展的有效途径和策略。

3. 比较研究法。通过对国内外乡村工业创新发展的比较研究,了解其他国家或地区的成功经验和做法,借鉴其有益经验,为我国乡村工业创新发展提供参考。

4. 专家访谈法。通过采访相关领域的专家学者、政策制定者和企业家,了解他们对共同富裕视域下乡村工业创新发展的看法和建议,为研究提供有价值的信息和参考。

提问:

还能提供哪些创新的研究方法?

回答:

除了传统的研究方法,还可以考虑以下创新的研究方法。

1. 跨学科研究方法。可以从社会学、经济学、心理学、人类学等多个学科角度出发,全方位地分析共同富裕视域下的乡村工业创新发展。

2. 互动式研究方法。可以采用参与式观察、深入访谈等方法,与研究对象进行深入交流,以了解他们的真实需求和体验。

3. 设计思维方法。可以采用设计思维方法进行研究,从用户需求出发,通过头脑风暴、原型设计等方法,提出更具创新性和实用性的解决方案。

4. 数字化研究方法。可以通过大数据分析、网络问卷调查等数字化研究方法，获取更多的数据，加深对共同富裕视域下乡村工业创新发展的认识和理解。

5. 实践研究方法。可以采用实践研究方法，与相关的乡村工业创新项目相结合，通过实践探索，提出更实用的研究结论。

申请人可以根据自己感兴趣的研究方法，让 AI 围绕选题条目提供几个选题。

提问：

如果我想将社会学、经济学、心理学和人类学等多个学科结合起来，跨学科研究"共同富裕视域下的乡村工业创新发展研究"这个选题，请为我提供一些选题。

回答：

在这个研究主题下，可以考虑以下几个选题。

1. 共同富裕背景下乡村工业创新的社会学分析。在这个选题中，你可以研究社会结构、社会关系、文化观念等方面对乡村工业创新发展的影响。

2. 乡村工业创新与地方经济发展的关系。从经济学角度，分析乡村工业创新对地方经济增长、收入分配和社会福利的影响。

3. 心理学因素对乡村工业创新发展的影响。研究创新者、企业家和乡村社区成员的心理特点，以及这些特点如何影响乡村工业创新。

4. 乡村工业创新与人类学观点。从人类学的视角，分析乡村工业创新如何改变乡村社区的生活方式、价值观念和传统习俗。

5. 共同富裕视域下乡村工业创新的政策分析。评估现有政策对乡村工业创新发展的影响，提出改进建议。

6. 跨学科视角下的乡村工业创新成功案例研究。从社会学、经济学、心理学和人类学等多个学科角度，分析乡村工业创新成功案例的共同特点和关键因素。

7. 乡村工业创新与生态文明建设的协同发展。探讨乡村工业创新如何在实现共同富裕的同时，保护生态环境和实现可持续发展。

8. 共同富裕视域下的乡村工业创新教育培训策略。研究乡村工业创新所需的人才培养、教育资源配置和培训体系建设。

9. 乡村工业创新与社会资本。分析社会网络、信任和合作等社会资本如何影响乡村工业创新的发展。

10. 乡村工业创新与性别平等。探讨在共同富裕视域下，如何通过乡村工业创新促进性别平等和女性赋权。

以上选题都可以从跨学科的角度进行研究，相信对你的研究主题会有所帮助。在实际研究过程中，你还需要做好以下工作。

1. 确定研究方法。根据选题的具体内容，选择适当的研究方法，如定量分析、定性分析、案例研究、比较研究等。

2. 收集数据和资料。根据研究方法，收集相关的数据和资料，可能包括政府报告、学术论文、统计数据、调查问卷、访谈记录等。

3. 分析与讨论。对收集到的数据和资料进行分析，找出影响乡村工业创新发展的关键因素和机制。在此过程中，你需要运用社会学、经济学、心理学和人类学等多学科的理论和方法。

4. 结论与建议。总结研究发现，提出针对性的政策建议和实践指导，以推动共同富裕视域下乡村工业的创新发展。

5. 撰写论文。将研究成果整理成论文，包括引言、文献综述、研究方法、数据与分析、结论与建议等部分。

在进行跨学科研究时，务必保持开放的心态，积极吸收不同学科的知识和观点，以丰富你的研究内容和深度。同时，也要注意研究的可行性和实证性，确保研究成果具有一定的理论价值和实践意义。

至此，通过与 AI 的不断对话，针对课题指南中推荐的学科选题得到了众多不同的具体题目，获得了不少启发。

小结： 虽然针对各学科选题进行整体性提问，能使申请人对选题有一定的认知，比申请人仅看选题进行"干瘪"地想象思考更有意义。但是，整体性提问获得的回答还是较宽泛，申请人若想通过 AI 挖掘到更多有启发性的信息，还需要针对要素进行提问。

二、借助 AI 基于要素寻找学科选题的申报题目

对于一个选题来说，研究对象和研究问题是不可或缺的，而且各学科选题是允许申请人对其进行改动的，因此，针对研究对象、研究问题等选题要素进行的更具针对性的提问更有价值。

（一）借助 AI 针对研究对象寻找

如前所述，研究对象可能是学者们近年来一直关注的，不算新但很有研究价值的研究对象，也可能是少数学者发现的较为新颖的研究对象。申请人如果对研究对象的"新"与"旧"不太了解的话，可向 AI 进行提问。

提问：

在课题选题"共同富裕视域下的乡村工业创新发展研究"中，乡村工业是研究对象，这是一个新的研究对象吗？

回答：

乡村工业不是一个新的研究对象，但是研究乡村工业创新发展在当前背景下具有新的意义和价值。在中国的农村发展过程中，乡村工业一直是一个重要的组成部分，对于实现农村现代化和乡村振兴具有重要的作用。随着中国经济社会的快速发展，乡村工业的发展面临着新的形势和问题，如工业转型升级、技术创新、人才培养等。因此，研究乡村工业创新发展在当前背景下可以对乡村振兴战略的落实起到积极的推动作用。

通过向 AI 提问，申请人发现选题条目中涉及的研究对象并不算新，但是，对于课题选题来说，一定要具有创新性，那么，可以从研究视角、研究方法、研究问题等方面考虑让选题变得具有新意。

提问：

虽然这个研究对象不算新，但作为国家社会科学基金项目的选题，一定要有创

新，那么我应该怎样让这个选题有创新性呢？可以更换研究视角、研究方法或研究问题来创新吗？要从哪些方面创新呢？

回答：

非常正确，即使研究对象不是全新的，也可以让你的研究具有创新性和学术价值，可以考虑以下几个方面。

1. 更换研究视角。可以尝试从新的角度出发。例如，可以从区域经济、可持续发展等角度出发，研究乡村工业对不同区域经济的影响，以及如何实现乡村工业的可持续发展。

2. 采用新的研究方法。可以使用新的研究方法或者技术手段。例如，可以采用地理信息系统（GIS）或大数据技术等工具，深入挖掘乡村工业在不同地区的空间分布规律和发展趋势，为农村地区提供科学的产业布局建议。

3. 探索新的研究问题。可以从研究问题的深度和广度出发，探索更前沿、更深入的研究问题。例如，可以从人口流动、土地制度等方面探讨乡村工业与乡村发展的关系，或者研究乡村工业的创新驱动因素和机制等。

总之，选择合适的研究视角、采用新的研究方法、探索新的研究问题，都是提高研究创新性和学术价值的有效途径。当然，这需要结合自己的实际情况和研究能力进行选择和判断。

根据 AI 的回答，申请人要敏锐地从中获取对自己有用的信息，然后进行追问，告诉 AI 更多关于自己的学术构思和学术兴趣的信息，这样会得到更具体的回答。

提问：

针对"共同富裕视域下的乡村工业创新发展研究"这个课题选题，我想这么做：更换研究视角，尝试从新的角度出发。例如，可以从区域经济、可持续发展等角度出发，研究乡村工业对不同区域经济的影响，以及如何实现乡村工业的可持续发展。我关注的是东部沿海地区，请为我列一个国家社科基金选题题目。

回答:

以下是一个可供参考的国家社科基金选题题目:"东部沿海地区共同富裕视域下的乡村工业区域经济影响与可持续发展研究"。该选题围绕东部沿海地区的乡村工业,从区域经济和可持续发展的视角出发,探究乡村工业对东部沿海地区经济的影响,以及如何实现乡村工业的可持续发展。

具体研究内容包括但不限于:分析东部沿海地区乡村工业发展现状,探讨其对区域经济的影响和作用;探究不同类型的乡村工业对于区域经济的影响差异,如生产型、服务型、文化创意型等;基于可持续发展理念,研究乡村工业在资源利用、环境保护、社会公平等方面的可持续发展路径和策略;从政策和制度层面出发,研究如何优化乡村工业发展环境,促进其可持续发展;基于实证数据,构建东部沿海地区乡村工业对区域经济影响的评价体系和模型,为实现共同富裕提供科学的政策建议。

将 AI 给出的参考题目"东部沿海地区共同富裕视域下的乡村工业区域经济影响与可持续发展研究"与课题指南中的学科选题"共同富裕视域下的乡村工业创新发展研究"进行比较,可以发现与 AI"聊"出来的题目具有更鲜明的地域特色,研究对象更细化,研究问题也更明确,选题聚焦到乡村工业区域经济影响与可持续发展,这是对创新发展问题的进一步深化。

(二)借助 AI 针对研究问题寻找

如前所述,针对各学科选题,可以进一步细化给定的研究问题,当然,也可尝试更换研究问题。

提问:

在共同富裕视域下,以乡村工业为研究对象,除了研究它的创新发展问题,还有哪些问题值得研究?

回答:

在共同富裕视域下,除了研究乡村工业的创新发展问题,还有以下问题值得研究。

1.社会公平与发展。乡村工业的发展是否促进了地区间、城乡间的平等与公平？在推动经济发展的同时，是否造成了资源、环境、劳动力等方面的不平衡？需要研究如何通过乡村工业的发展来促进地区间的平衡发展，推动共同富裕。

2.生态环境保护。乡村工业的发展是否对生态环境产生了影响？需要探讨如何在乡村工业发展中实现生态保护和经济发展的良性循环，从而实现可持续发展的目标。

3.劳动力与社会保障。乡村工业的发展是否能够提高农民的生产力和生活质量？如何加强对乡村工业劳动力的培训、技能提升和社会保障，提高他们的收入和社会地位，从而实现共同富裕？

4.农业农村现代化。乡村工业作为农村现代化的重要组成部分，需要探讨如何通过乡村工业的发展推进农业的现代化，提高农业生产效率，增强农村地区的自我发展能力和竞争力。

总之，在共同富裕视域下，乡村工业的研究需要考虑经济、社会、环境等多个方面的问题，从而实现乡村工业发展与共同富裕的有机结合。

正如前文一再强调的申请人应善于"聆听"AI 的回答，并善于从回答中发现继续提问的点。此处，笔者从 AI 的回答中发现这样一个有趣的问题："如何加强对乡村工业劳动力的培训、技能提升和社会保障，提高他们的收入和社会地位，从而实现共同富裕？"因此，笔者继续针对这个问题追问。

提问：

如何加强对乡村工业劳动力的培训、技能提升和社会保障，提高他们的收入和社会地位，从而实现共同富裕呢？

回答：

为实现共同富裕，加强对乡村工业劳动力的培训、技能提升和社会保障，提高他们的收入和社会地位，可以从以下几个方面着手。

1.制定政策支持。政府应制定针对乡村工业劳动力的培训、技能提升和社会保障方面的政策，为乡村工业劳动力提供培训、教育、医疗、养老等方面的支持。

2. 提供职业培训。加强职业培训体系建设，提供多样化、有针对性的职业培训课程，帮助乡村工业劳动力提升技能和素质，增强就业和创业能力。

3. 引入先进技术。引入先进技术，提升乡村工业的生产效率和产品质量。同时，提供政策和资金支持，鼓励技术创新和应用。

4. 完善社会保障体系。完善社会保障体系，保障乡村工业劳动力在失业、疾病、养老等方面的基本权益，提高他们的生活水平和社会地位。

5. 促进乡村产业融合。推动乡村产业融合，实现第一产业与第二产业、第三产业的有机衔接，为乡村工业劳动力提供更多的就业和创业机会。

6. 发展乡村合作组织。鼓励乡村工业劳动力参与合作组织，以集体力量解决生产、销售、技术等方面的问题，提高他们的收入水平和社会地位。

7. 增加对经济相对落后地区的支持。加大对经济相对落后地区的资金、技术、人才等支持力度，帮助经济相对落后地区乡村工业劳动力致富，实现共同富裕。

8. 提高农民工待遇。加强对农民工的权益保护，改善农民工待遇，确保他们的合法权益得到充分保障，提高农民工的社会地位。

通过以上措施，有望实现对乡村工业劳动力的培训、技能提升和社会保障的加强，提高他们的收入和社会地位，进而实现共同富裕。

至此，笔者对 AI 的回答还是比较满意的，获得了许多有用的信息，发现了一些值得深入研究的问题点。接下来，笔者针对上述内容，让 AI 给出一个课题题目。

提问：

假如有一个国家社会科学基金项目就是为了解决上述问题的，请你列出这个项目的题目。

回答：

"基于乡村工业的劳动力培训、技能提升与社会保障体系构建：实现乡村工业劳动力收入增长和社会地位提升的研究"。

提问:

把乡村工业作为研究对象,把共同富裕作为研究视角,修改一下这个题目。

回答:

"从共同富裕视角探究乡村工业劳动力培训、技能提升和社会保障机制构建:实现乡村工业劳动力收入增长和社会地位提升的研究"。

提问:

题目中不出现":"和"——",再改写一下。

回答:

"基于共同富裕的乡村工业劳动力培训、技能提升和社会保障机制构建研究"。

综合上面的提问,笔者进行了修订性提问。

提问:

有这么一个问题:如何加强对乡村工业劳动力的培训、技能提升和社会保障,提高他们的收入和社会地位,从而实现共同富裕呢?为了解决这个问题,我申报了国家社会科学基金项目,请你为我列出这个项目的题目,题目中不要出现":"和"——"。

回答:

"基于共同富裕理念的乡村工业劳动力培训、技能提升和社会保障机制研究"。

提问:

换一个。

回答:

"共同富裕视角下乡村工业劳动力培训、技能提升和社会保障机制研究"。

提问：

还能再换一下吗？

回答：

"实现共同富裕目标的乡村工业劳动力培训、技能提升和社会保障机制研究"。

多次提问后，AI 就同样的研究对象、研究问题和研究视角给出了有所差异的课题题目，供用户参考。

> 小结：针对课题指南中的各学科选题，如果想对选题更换研究问题，在通过 AI 寻找到新的研究问题后，可以进一步针对这个研究问题让 AI 给出新的课题题目。提问句型如下。
>
> 有这么一个问题：【问题】。为了解决这个问题，我申报了【某级别课题】，请你为我列出这个项目的题目，题目中不要出现"："和"——"。

第三节 借助 AI 寻找自拟选题的申报题目

目前，很多类型的课题申报都在申报公告里发布了课题指南，如前所述，申请人可根据课题指南按原题申报，或对原题进行修改后确定具体题目再进行申报。当然，绝大多数的课题申报会允许申请人根据课题指南的指导思想和基本要求，结合自身的研究兴趣和学术积累申报自选课题。教育部人文社会科学规划项目等少数课题申报不提供课题指南的，申请人也可根据课题申报公告中的指导思想，结合自身实际情况，自行确定课题题目。

此处依然以国家社会科学基金项目的申报为例。《国家社会科学基金项目2023 年度课题指南》明确了课题选题的申报要求。根据要求可知，国家社会科学基金项目要求申请人关注、聚焦、研究和解决的是事关党和国家事业发展的重大理论和现实问题。因此，申请人可立足自身的学术研究领域，向 AI 发问，了解在自身学科领域范围内，国家需要研究者们解决哪些重要的现实问题。

提问：

现阶段，党和国家在新闻传播领域有哪些研究需求？

回答：

在当前这个阶段，党和国家在新闻传播领域新的研究需求可能有以下几项。

1. 互联网和社交媒体的管理。随着互联网和社交媒体的普及，信息传播变得更加多元和快速。如何在保证信息自由流动的同时，防止错误信息、有害信息的传播，保障社会的稳定和安全，是人们面临的一个新的挑战。

2. 大数据和人工智能的利用。大数据和人工智能技术为新闻传播提供了新的可能。如何合理利用这些技术，提高新闻传播的效率和质量，同时防止可能出现的问题，如隐私侵犯、数据歧视等，这是一个新的课题。

3. 全球化的挑战和机遇。在全球化背景下，新闻传播不再局限于国内，而是在全球范围内都有影响力。如何传播正面的国家形象，提升国家的软实力，同时应对外来信息的影响，这是一个新的任务。

4. 新闻伦理和专业主义的提升。随着公众对新闻质量的期待提高，新闻伦理和专业主义的要求也在提升。如何培养和引导新闻工作者遵守新闻伦理，提高新闻的专业质量，这是一个新的需求。

5. 信息公平和多样性的促进。虽然信息的获取途径增多，但不同群体获取和利用信息的能力仍然存在差距。党和国家希望通过政策和技术手段，促进信息公平，确保所有人都能获取到必要和有用的信息。同时，也需要保障信息的多样性，避免信息垄断和单一化。

从 AI 的回答中，笔者发现向国际社会传播正面的国家形象是党和国家站在历史发展新阶段的新需要。那么，传播国家形象方面有什么具体的要求呢？可以继续提问。

提问：

传播国家形象方面有什么具体的要求？

回答：

传播国家形象方面有以下具体要求。

1. 多元化传播。为了展示国家的多元面貌，需要从多个层面、多个角度进行全方位的传播，包括展示国家的历史、文化、科技、经济、社会等各方面的发展和成就。

2. 高质量的传播。在内容制作上，要求提高专业性和质量，以提升国家形象的传播效果。这可能需要投入更多的资源进行内容的研发和制作。

3. 积极的传播。在信息的传播中，要积极展示国家的优点和亮点，弘扬社会主旋律，传递积极、正面的信息。

4. 国际化的传播。在全球化背景下，需要考虑如何在国际范围内传播国家形象，这可能需要考虑不同国家和地区的文化背景和接受习惯。

5. 新媒体的利用。利用新媒体，如社交媒体、视频网站等，进行国家形象的传播。这不仅可以扩大传播的覆盖面，也可以提高传播的效率和效果。

6. 互动的传播。通过互动的方式进行传播，如利用社交媒体的评论、分享等功能，让公众参与到国家形象的传播中来。

这些要求的具体实施可能具体情况和目标而有所不同。

从上述回答中，笔者发现利用新媒体传播国家形象，是目前新闻传播领域的众多新需求之一。有哪些新媒体可用于传播国家形象呢？

提问：

有哪些新媒体可用于传播国家形象呢？

回答：

新媒体为传播国家形象提供了许多新的平台和工具。以下是一些常用的新媒体平台。

1.社交媒体，如脸书（Facebook）、推特（Twitter）、照片墙（Instagram）、领英（LinkedIn）等。在这些平台上，可以通过发布更新、图片、视频等方式来传播国家形象。同时，也可以利用这些平台进行互动，回应公众的疑问和评论。

2.视频分享平台，如 YouTube、TikTok、快手、抖音、哔哩哔哩（bilibili）等。这些平台可以发布各种形式的视频，如纪录片、短片、访谈等，以展示国家的各个方面。

3.新闻和信息网站，如新浪、网易、腾讯等。这些网站可以发布新闻和文章，提供详细的信息和分析。

4.在线论坛和社区，如红迪网（Reddit）、知乎等。在这些平台上，可以通过发帖和回帖，参与各种主题的讨论中，进行信息的分享和交流。

5.博客和个人网站。可以通过发布文章、图片、视频等内容来传播个人视角的国家形象。

6.播客。播客是一种新兴的媒体形式，可以通过音频的方式来传播信息。

7.直播平台，如 Twitch、快手、抖音等。在这些平台上，可以通过直播的方式，实时展示国家的各个方面。

以上只是部分常见的新媒体平台，实际使用时需要考虑目标受众的特点，选择合适的平台和形式。同时，也需要注意网络安全和信息准确性的问题。

笔者发现，近年来发展特别迅猛的短片、短视频出现在答案中，于是，笔者有了这样的学术假设：短视频对传播国家形象起到怎样的作用呢？能否研究短视频对国家形象的传播呢？

提问：

如何用短视频来传播国家形象？

回答：

短视频是一种非常有效的媒体工具，可以用来吸引观众并迅速传递信息。以下是一些使用短视频传播国家形象的方法。

1.展示文化特色。可以制作关于国家的风土人情、历史文化、美食、音乐、艺术等方面的短视频，展示国家的多元文化和独特魅力。

2. 宣传科技成就。展示国家在科技、创新、绿色环保等方面的成就和进步，传递国家的现代化形象。

3. 人物故事。讲述普通人或者公众人物的故事，展示人民的精神风貌和生活状态。

4. 景点推广。展示国家的自然景观、历史遗迹、旅游景点等，吸引观众的兴趣。

5. 大事件报道。通过对大型活动、重要会议、体育赛事等进行报道，展示国家的活力和影响力。

在制作短视频时，应注重内容的精练和视觉的吸引力，同时要考虑视频的传播策略，如发布时间、平台选择、标签使用等，以提高视频的观看量和分享率。最后，要记住的一点是，传播国家形象不仅是传递信息，更是建立情感连接。因此，视频内容应当真实、积极、具有吸引力，让观众能够感受到国家的魅力和精神。

笔者在问答中进一步发现，短视频在传播国家形象之前，还应该塑造国家形象，通过内容生产塑造出国家形象，是国家形象借助短视频对外传播的基础。所以，笔者构想的课题选题为"短视频塑造和传播国家形象研究"。接下来，我们可以借助 AI 对该拟定选题进行初步评价。

提问：

我在申报 2023 年国家社会科学基金项目，我想了一个课题选题："短视频塑造和传播国家形象研究"，假设你是经验丰富的课题评审专家，请你帮我分析一下这个课题选题怎么样。

回答：

这是一个非常有意义的课题。随着新媒体技术的发展，短视频已经成为人们获取信息和娱乐的重要方式，同时也成为塑造和传播国家形象的重要工具。研究这个课题，不仅可以提供理论指导，也可以为实践提供参考。

以下是我对这个课题的一些评析。

优点如下所示。

1. 及时性和前瞻性。短视频是一种新兴的媒体形式，对其进行研究具有很强的及时性和前瞻性。

2. 实践意义。研究结果可以为政府和媒体机构提供指导，帮助它们更有效地使用短视频进行国家形象的传播。

3. 理论贡献。可以丰富和拓展新媒体传播、国家形象塑造等领域的理论。

需要考虑的问题如下所示。

1. 研究方法。需要明确研究方法，包括如何选择样本，如何进行数据收集和分析等。可能需要结合定量研究和定性研究，以全面理解问题。

2. 研究范围。需要明确研究范围，包括如何定义短视频，研究的是哪个国家或者哪些国家的形象，研究的是哪些类型的短视频等。

3. 研究难度。由于短视频的数量众多，内容多样，研究可能遇到一些实际困难。例如，如何获取数据，如何处理大量的数据等。

4. 伦理问题。在研究过程中，可能涉及一些伦理问题，如隐私保护、数据使用等，需要提前做好规划。

总的来说，这是一个非常好的课题，具有很强的研究价值和实践意义。我期待看到你的研究成果。

通过向 AI 发问，笔者建立了课题申报的信心，初步找到了课题选题，也获得了 AI 的肯定。当然，该选题还有需要进一步论证的地方，如研究范围、研究理论、研究方法、研究思路、研究重点、研究难点等。但是，这些问题不就是在课题申报过程中需要一点点去解决的吗？这些问题解决了，课题申报书也就成型了。

需要指出的是，这种借助 AI 寻找自拟选题的方式更适合具有一定学术经验和学术能力的申请人，因为，这需要申请人在与 AI 对话的过程中敏锐地发现学术问题点，然后继续向 AI 提问，在多问多答中，申请人才有可能发现宝藏，最终找到自己满意的选题。当然，选题找到后，让 AI 对选题做出评价只是第一步，申请人还需要通过翻阅文献和查找大量已立项的同类课题来确定该选题是不是新颖的，是否具备成为课题题目的可能性。

而对于学术基础较薄弱的申请人或初次申报课题的申请人来说，这种方法显然不大奏效。那么，可以让 AI 直接提供一些选题以供参考。当然，这很考验提问的技巧。

提问：

我是一名高校教师，我的专业方向为文化传播，我正在申请 2023 年国家社会科学基金项目，但我还没有形成具体明确的课题选题，我感兴趣的研究对象是短视频。假设你是经验丰富的课题评审专家，请帮我通过"三级选题细化法""研究 gap 确定法"和"研究选题类型学"来形成课题选题。

以下内容是对"三级选题细化法""研究 gap 确定法"和"研究选题类型学"的具体解释，方便你理解得更为深入。

###

"三级选题细化法"指的是给定任何一个研究对象，都应该通过给出"限定词"和"研究维度"进行选题细化。限定词指的是研究对象所被含括的范畴。例如，在某一理论传统下、在某一个国家中、在某一个地区中、在某一类人群中。再如，如果研究对象是大学生，我们可以加上限定词：西部普通高校大学生、"双一流"名校大学生。研究问题，指的是一个研究对象可以有多种不同角度切入研究。例如，大学生研究，既可以研究大学生的消费行为，也可以研究大学生的"躺平"行为，还可以研究大学生的情感恋爱行为等。需要注意的是，研究问题也需要逐步细分。例如，大学生的消费行为可以进一步细分为电子产品消费、玩偶消费等。研究问题要细分到研究者容易操作的程度。综上，三级选题细化法的第一级是确定限定词，第二级是第一次问题细化，第三级是第二次问题细化。

"研究 gap 确定法"指的是提出的研究问题中需要有明确的 gap。gap 指的是已有研究中所呈现的针对某个研究对象的解释的不足之处，呈现出一种预期与实际的差距，这种差距有三种类型：第一种是理论与现实的差距；第二种是政策与实践的差距；第三种是原有研究对比中所呈现出的不同之处。

"研究选题类型学"指的是研究问题可以有四种具体类型。

What 型问题：关注现象或者事件的描述和定义，如"某个社区中有多少人口""各年龄段学生在教育资源上存在哪些差异"等。这种类型的问题强调对事物的观察、度量和描述。

How 型问题：关注过程或方法的描述和分析，如"用什么方式可以加速某个化学反应""如何提高员工对工作的投入和满意度"等。这种类型的问题需要着重考虑操作性和实践性。

Why 型问题：主要关注推断和解释，如"为何一些客户更喜欢购买品牌产品""为何某个国家的诗歌创作在 19 世纪后期出现了显著变化"等。这种类型的问题需要建立理论框架或假设，并进行实证研究以验证结论。

Should 型问题：主要关注价值取向和政策决策，如"应该在城市中设置更多的公园吗""是否应该采用新的课程教学方法"等。这种类型的问题需要将研究成果应用于实践，以达到改进社会和环境的目的。

###

其他要求如下所示。

综合上述三种选题逻辑，给出 9 个具体的选题建议，选题中不出现":"和"——"。要求参考（但不限于）以下表述形式（可参考任何一种结构）。

1. 企业产品研发情境（新情境）下知识协调（研究对象）的底层机理及优化模型（研究问题）研究。

2. 模因论视域（新理论）下红色文化（研究对象）的互联网群体传播（研究问题）研究。

3. 新发展理念（新理念/新思想）下我国环境税（研究对象）的政策效应评估及深化改革（研究问题）研究。

4. 黄河上游民族地区（新区域）旅游产业（研究对象）转型与高质量发展（研究问题）研究。

5. 基于行为科学理论和数据驱动方法（新方法）的城市（研究对象）精细化治理（研究问题）研究

6. 构式变体模型（新模型）视角下英汉构式（研究对象）变异与演变的交叉验证（研究问题）研究。

7. 计量语言学（新学科）视域下多维源语特征（研究对象）对口译质量的影响和预测模型（研究问题）研究。

8. 基于机器学习技术（新技术）的校园欺凌（研究对象）主动识别及干预（研究问题）研究。

9. "躺平"青年（新对象）的群体特征、心理监测与成长干预（研究问题）研究。

研究 gap 确定法（可参考任何一种表述方式）如下所示。

1. 以往研究大多从其他角度研究二代农民工的城市融入，少有从音乐消费的角度进行研究。

2. 以往研究都注意到 $a/b/c$ 等变量的影响，但对于 d 变量的影响关注不够。

3. 以往研究虽然注意到某个变量的影响，但是缺乏对改变量的中间机制的深入解释。

问题类型及子问题（可参考其中任何一种类型）如下所示。

1. 主问题类型：What/How/Why/Should 型问题，主要聚焦于二代农民工是如何进行音乐消费，进而融入城市生活方式的。

2. 子问题如下所示。

子问题 1：

子问题 2：

子问题 3：

回答：

基于你的要求，我为你提供以下几个关于短视频研究的选题建议。

1. 面向乡村振兴战略的短视频营销策略及其在共同富裕中的作用研究。

2. 基于行为科学的抖音等短视频平台的用户参与度及其影响因素研究。

3. 短视频平台中网络红人现象的社会影响及其深化解读研究。

4. 基于机器学习技术的短视频内容分析及其在品牌营销中的应用研究。

5. 在数字化转型背景下，短视频在中小企业营销中的角色及其优化路径研究。

6. 短视频平台上的青少年网络行为与心理健康的关联及其干预策略研究。

7. 面向碳中和目标的短视频环保主题内容的影响及其优化路径研究。

8. 在全球化背景下，短视频在跨文化交流中的角色及其优化路径研究。

9. 基于深度学习的短视频推荐算法的优化及其在用户行为预测中的应用研究。

具体到"研究 gap 确定法"，如对于第一个选题，以往的研究可能主要关注了传统媒体或者长视频在实现共同富裕中的作用，对于短视频这一新兴媒体形式在乡村振兴中的作用可能研究不足。

关于"研究选题类型学"，以第二个选题为例，这是一个 How 型问题，主要关注的是如何利用行为科学理论来解释和预测短视频平台的用户参与度，以及这个参与度受哪些因素的影响。

具体的子问题可能有以下几个。

子问题 1：如何量化和度量短视频平台的用户参与度？

子问题 2：哪些因素会影响短视频平台的用户参与度？

子问题 3：如何利用行为科学理论解释这些因素对用户参与度的影响？

子问题 4：如何利用这些理论和研究结果提升短视频平台的用户参与度？

从 AI 给出的回答来看，对初次申报选题的申请人或学术能力偏弱的申请人来说，这些选题是能够给他们带来很大启发的。将上述提问提炼成提问句型，仅需将提问中的"文化传播"改成"专业方向"，供提问者根据自己的情况灵活输入专业方向即可。

当然，笔者依然不建议大家直接使用 AI 给出的题目进行申报，因为这些选题都需要进一步去论证它们的新颖性和科学性。与此同时，课题申报需要依据申请人的前期研究基础，所以申请人还需要结合自己的前期研究基础和研究能力，以及掌握的研究理论和研究方法等，对参考选题进行进一步验证、论证和修改。

03

第 3 章

AI 辅助分析课题
立项选题

知己知彼，百战不殆。不仅要充分了解每年课题申报的课题指南，还要对立项的课题做到心中有数。要认真分析这些选题为何能获批立项？好在何处？如果其是在课题指南给定的选题条目的基础上修改而来的，那么二者之间的关联度有多大？获批立项选题对给定的选题条目做了哪些改动？可以借助 AI 来寻找这些问题的答案。当然，获批课题立项，不是仅依靠选题题目取胜的，评审专家们还要审阅课题申请书的论证和前期研究基础等内容后综合判断。但是，立项选题的优劣仍然十分关键，值得我们仔细分析和学习。

第一节　借助 AI 单条分析课题立项选题

借助 AI，可对获批立项的选题进行单条分析，对 AI 的提问可采用整体性提问和基于要素提问两种提问方式。此处以分析 2022 年国家社会科学基金立项名单中民族学学科的一条立项选题为例，该选题为"滇桂黔石漠化片区巩固脱贫攻坚成果与乡村振兴有效衔接的现状调查研究"。

一、借助 AI 整体性分析单条立项选题

对立项选题进行整体性提问，即直奔目标而去，针对某一选题，让 AI 直接对其进行选题特色的分析。这种提问不给出明确的分析角度或维度，给 AI 留出充分发挥的空间。

提问：

2022 年国家社会科学基金立项名单里，民族学学科中有这样一个立项选题："滇桂黔石漠化片区巩固脱贫攻坚成果与乡村振兴有效衔接的现状调查研究"。假设你是课题评审专家，请你从评审专家的角度帮我分析一下这个选题的特色。

回答：

作为一名课题评审专家，我认为这个选题有以下几个特色。

1. 突出地域性和针对性。这个选题针对的是滇桂黔石漠化片区，这个地区的生态环境比较特殊，因此需要专门的研究和解决方案。

2. 结合实际问题和现实需求。选题的研究对象是"巩固脱贫攻坚成果和乡村振兴的有效衔接"，这是当前国家重点关注的方向。研究选题与现实需求紧密结合，具有实际应用价值。

3. 多学科交叉研究。这个选题涉及民族学、生态学、经济学等多个学科领域，需要多学科交叉研究，从不同的角度去解决问题。

　　4.基于实地调查和案例分析。选题的研究方法是通过实地调查和案例分析，这种方法可以深入了解当地的情况和问题，从而提出切实有效的解决方案。

　　综上所述，这个选题具有地域性和针对性，与现实需求紧密结合，需要进行多学科交叉研究，以实地调查和案例分析为基础，具有重要的研究价值和实际应用价值。

　　从回答中可以看出，即便没有为 AI 明确具体的分析角度，它的回答依然能够帮助申请人更好地了解立项选题。不仅如此，还可根据 AI 的回答进行追问。比如，在这个案例中，笔者发现 AI 在分析中指出，这一选题具有突出地域性和针对性的特色，"这个选题针对的是滇桂黔石漠化片区，这个地区的生态环境比较特殊，因此需要专门的研究和解决方案"。那么，这一地区在生态环境上究竟有怎样的特殊性呢？

提问：

滇桂黔石漠化片区的生态环境有怎样的特殊性？

回答：

　　滇桂黔石漠化片区的生态环境具有以下几个特殊性。

　　1.气候干旱。滇桂黔石漠化片区位于亚热带和热带之间，气候干燥，降水分布不均匀，水资源短缺。这种气候条件下，土地容易退化，植被覆盖率低，水土流失严重。

　　2.土地贫瘠。滇桂黔石漠化片区地势较高，土地贫瘠，土层较薄，容易受到侵蚀和破坏。这种土地条件下，植被生长缓慢，容易发生水土流失。

　　3.植被覆盖率低。滇桂黔石漠化片区的植被覆盖率较低，主要是荒漠化和半荒漠化植被，这种植被无法保护土地免受侵蚀和破坏，同时也无法提供充足的水源和养分。

　　综上所述，滇桂黔石漠化片区的生态环境特殊性主要表现在气候干旱、土地贫瘠、植被覆盖率低等方面。这些特殊性导致了当地生态环境问题的严重性和复杂性，需要针对性的研究和治理。

由此可见，针对 AI 的回答，进行有选择、有目的、有思考的追问，能使申请人获得更有价值的信息，便于申请人更深入地认识立项选题。

二、借助 AI 基于要素分析单条立项选题

整体性提问式选题分析适合初学者使用，对于有一定研究基础和受过较多研究训练的申请人来说，这种类型的提问是不够全面、准确的。众所周知，一个好的课题选题，往往在研究视角、研究对象、研究问题或研究方法上做足了文章，或独辟蹊径，或新颖独特。因此，可以围绕课题的创新要素（研究视角、研究对象、研究问题、研究方法等），借助 AI 进一步分析立项选题的特色，这种提问方式便是基于要素提问。

提问：

2022 年国家社会科学基金立项名单里，民族学学科中有这样一个立项选题"滇桂黔石漠化片区巩固脱贫攻坚成果与乡村振兴有效衔接的现状调查研究"。假设你是课题评审专家，请你从评审专家的角度帮我分析一下这个选题的特色，包括研究视角、研究对象、研究问题、研究方法等方面。

回答：

好的，我从以下几个方面分析这个选题的特色。

1. 研究视角。

这个选题的研究视角是"滇桂黔石漠化片区巩固脱贫攻坚成果与乡村振兴有效衔接"，从研究角度上来说，这个选题综合考虑了脱贫攻坚和乡村振兴两个重要议题，展现了民族学学科的多维度研究特点。

2. 研究对象。

这个选题的研究对象是滇桂黔石漠化片区，这个地区的生态环境比较特殊，对当地人民的生计和生活造成了很大的影响，也给整个地区的经济和社会发展带来了很大的挑战。因此，研究该地区的脱贫攻坚和乡村振兴的有效衔接，具有一定的代表性和参考价值。

3. 研究问题。

这个选题的研究问题是"巩固脱贫攻坚成果与乡村振兴有效衔接的现状",这个问题对于解决该地区的经济和社会发展问题具有重要意义。同时,这个问题也涉及政策制定、资源配置和社会治理等多个方面,具有一定的复杂性和实践性。

4. 研究方法。

这个选题的研究方法是调查研究,这个方法具有一定的针对性和实证性,能够收集到相关数据和信息,对研究问题进行分析和解决。同时,该选题还可以结合文献分析、案例研究等方法进行深入研究。

综上所述,这个选题的特色在于综合考虑了脱贫攻坚和乡村振兴两个议题,研究对象具有代表性和参考价值,研究问题具有一定的复杂性和实践性,研究方法具有针对性和实证性。同时,该选题还可以结合其他方法进行深入研究。

当然,也可尝试让 AI 从其他角度对立项选题的特色做进一步的分析。

提问:

换个角度再回答一遍。

回答:

好的,我再从另一个角度分析一下这个选题的特色。

1. 民族学学科特色。

这个选题所属的民族学学科强调对不同民族社会及其文化、传统、生活方式等进行全面研究,包括社会经济发展、生态环境变迁等问题,这与该选题所研究的滇桂黔石漠化片区的社会、经济、生态环境等问题高度契合,因此该选题符合民族学学科的研究范畴。

2. 综合研究特色。

该选题研究的是滇桂黔石漠化片区巩固脱贫攻坚成果与乡村振兴有效衔接的现状,涉及经济、社会、生态等多个方面的问题,需要综合考虑各种因素。因此,该选题具有综合研究的特色,要求研究人员具备跨学科的综合研究能力,从多个角度、多个层次对问题进行分析研究。

3. 实践应用特色。

该选题研究的是滇桂黔石漠化片区的实际问题，旨在为该地区的脱贫攻坚和乡村振兴提供实践性的参考意见，因此具有较强的实践应用特色。研究人员需要关注该地区的实际情况，与相关部门、当地民众密切合作，以确保研究成果具有较强的可操作性和指导性。

4. 研究方法特色。

该选题采用调查研究方法，需要收集大量的实地调查数据和统计数据，运用科学的研究方法对数据进行分析，以达到科学、客观的研究结果。此外，还可以结合其他研究方法，如案例研究、文献分析等，以便更全面、深入地研究问题。

综上所述，这个选题的特色在于具有民族学学科特色、综合研究特色、实践应用特色和研究方法特色，要求研究人员具备跨学科的综合研究能力，密切与相关部门和当地民众合作，采用科学的研究方法进行调查和分析。

由此可见，需要对 AI 不断进行调试，要多问、不断地问，更要换个说法多问，通过几轮提问，申请人对立项选题的认知可不断深化。

第二节　借助 AI 对立项选题与课题指南的推荐选题进行比较分析

打开《国家社会科学基金项目 2022 年度课题指南》便会发现，课题指南中所列选题分为具体条目（带 * 号）和方向性条目两类。具体条目的申报，允许申请人选择不同的研究角度、方法和侧重点，申请人也可对选题的文字表述进行适当修改。而方向性条目只规定了研究范围和方向，申请人要据此自行确定具体题目。值得注意的是，《国家社会科学基金项目 2023 年度课题指南》有了新变化，各学科选题不再区分方向性条目和具体条目，申请人可直接按照选题条目申报，也可选择不同视角、方法对选题条目进行调整。

笔者在本章第一节中所提到的立项选题"滇桂黔石漠化片区巩固脱贫攻坚成果与乡村振兴有效衔接的现状调查研究"（2022 年民族学立项选题）是申请人依据课题指南中民族学学科的推荐选题第 19 条"*19. 民族地区巩固脱贫攻坚成果与乡村振兴有效衔接的现状调查研究"修改而来的。该选题前面标了"*"，说明这是具体条目，申请人可直接将该选题作为课题题目进行申报，也可对该选题在文字表述上做适当修改，还可通过选择不同的研究角度、研究方法和研究侧重点对该选题做较大改动。针对这种对课题指南的推荐选题进行修改得出的立项选题，可借助 AI 分析立项选题与推荐选题之间的异同，由此获得启发，在申报课题时更好地分析和利用课题指南来确定适合自己的选题。此处，依然可使用整体性提问和基于要素提问两种提问方式。

一、借助 AI 整体性比较分析

整体性比较分析，就是将立项选题和课题指南中的推荐选题输入给 AI，然后让它直接对两个选题进行比较，并没有给定比较的角度。

提问：

2022 年国家社会科学基金立项名单中有选题"滇桂黔石漠化片区巩固脱贫攻坚成果与乡村振兴有效衔接的现状调查研究"，申报公告的课题指南中有推荐选题"民族地区巩固脱贫攻坚成果与乡村振兴有效衔接的现状调查研究"。请帮忙比较一下这两个选题有什么异同。

回答：

从题目名称和描述来看，这两个选题有相似之处，都是关注经济欠发达地区巩固脱贫攻坚成果和乡村振兴有效衔接的。但是，它们在研究对象和研究范围上存在差异。

"滇桂黔石漠化片区巩固脱贫攻坚成果与乡村振兴有效衔接的现状调查研究"关注的是一个特定的地理区域——滇桂黔石漠化片区，而且在该地区中重点研究的是巩固脱贫攻坚成果和乡村振兴的有效衔接问题。该选题具有地域性、问题性和实践性。

"民族地区巩固脱贫攻坚成果与乡村振兴有效衔接的现状调查研究"则没有地理范围限制，研究范围更广泛，不仅包括滇桂黔石漠化片区，还可能涉及其他经济欠发达的民族地区，具有理论性和实践性。

从回答中看出，AI 对立项选题和与其相关的课题指南中的推荐选题进行了比较，而且从研究角度和研究范围上进行了具体比较，由此可见 AI 的智能性，但这不一定是申请人关注的比较角度。

二、借助 AI 基于要素比较分析

基于要素比较分析，指的是申请人在向 AI 发问时，要将自己关注的比较要素输入给 AI，这样 AI 会基于给定的要素进行比较。例如，在下面的案例中，笔者让 AI 从研究视角、研究对象和研究问题三个方面对立项选题和与其相关的课题指南中的推荐选题进行差异比较。

提问：

2022 年国家社会科学基金立项名单中有选题"滇桂黔石漠化片区巩固脱贫攻坚成果与乡村振兴有效衔接的现状调查研究"，申报公告的课题指南中有推荐选题"民族地区巩固脱贫攻坚成果与乡村振兴有效衔接的现状调查研究"。请帮忙从研究视角、研究对象、研究问题等方面比较一下这两个选题有什么区别。

回答：

这两个研究选题"滇桂黔石漠化片区巩固脱贫攻坚成果与乡村振兴有效衔接的现状调查研究"和"民族地区巩固脱贫攻坚成果与乡村振兴有效衔接的现状调查研究"在研究视角、研究对象和研究问题等方面有一些区别，具体如下。

1. 研究视角

滇桂黔石漠化片区：这个选题更关注特定的地理和生态条件下的脱贫攻坚和乡

村振兴问题。研究视角可能更侧重于生态保护、可持续发展和地理特征对脱贫攻坚和乡村振兴的影响。

民族地区：这个选题则更关注民族地区的特定社会、文化和经济条件。研究视角可能更侧重于民族文化、社会结构和经济发展对脱贫攻坚和乡村振兴的影响。

2. 研究对象

滇桂黔石漠化片区：研究对象是具有特定地理和生态特征的地区，可能会涉及生态保护、土地利用、水资源管理等方面的问题。

民族地区：研究对象是具有特定民族特征的地区，可能会涉及民族文化保护、民族经济发展、民族教育和健康等方面的问题。

3. 研究问题

滇桂黔石漠化片区：研究问题可能更关注如何在保护生态和环境的基础上，实现脱贫攻坚和乡村振兴的目标。例如，如何通过生态农业、绿色发展等方式，实现经济增长和生态保护的双重目标。

民族地区：研究问题可能更关注如何在保护和发展民族文化的基础上，实现脱贫攻坚和乡村振兴的目标。例如，如何通过民族文化产业、民族特色经济等方式，实现经济增长和文化保护的双重目标。

总结：这两个选题虽然都关注脱贫攻坚和乡村振兴的衔接问题，但由于研究视角和研究对象的不同，所关注的具体问题和研究内容也会有所不同。

因为涉及二者的比较，所以，还可让 AI 以表格的形式呈现二者的不同。

提问:

2022 年国家社会科学基金立项名单中有选题"滇桂黔石漠化片区巩固脱贫攻坚成果与乡村振兴有效衔接的现状调查研究"，申报公告的课题指南中有推荐选题"民族地区巩固脱贫攻坚成果与乡村振兴有效衔接的现状调查研究"。请帮忙从研究视角、研究对象、研究问题等方面比较一下这两个选题有什么区别，用一个表格列出这些区别（见表 3-1）。

回答：

▶ 表3-1　立项选题与推荐选题的比较 [1]

比较项目	滇桂黔石漠化片区巩固脱贫攻坚成果与乡村振兴有效衔接的现状调查研究	民族地区巩固脱贫攻坚成果与乡村振兴有效衔接的现状调查研究
研究视角	该研究关注的是特定地理环境下的问题，即石漠化地区。这将涉及石漠化对脱贫攻坚与乡村振兴的影响	这项研究关注的是特定的民族区域，可能会涉及民族文化、习俗、制度等因素对脱贫攻坚与乡村振兴的影响
研究对象	主要研究对象是滇桂黔地区的石漠化片区，这是一个具体的地理区域	研究对象是一般的民族地区，范围可能更广泛，可能涵盖多个民族、多个地区
研究问题	针对的问题可能会更多地关注如何在滇桂黔地区的石漠化环境下，巩固脱贫攻坚成果，以及如何有效地实现乡村振兴	研究问题可能会更多地考虑如何在民族地区，考虑其特有的社会、文化、经济等因素下，巩固脱贫攻坚成果和实现乡村振兴

由表 3-1 可以看出，"滇桂黔石漠化片区巩固脱贫攻坚成果与乡村振兴有效衔接的现状调查研究"和"民族地区巩固脱贫攻坚成果与乡村振兴有效衔接的现状调查研究"在研究视角和研究对象上有些许不同，前者从生态保护与乡村振兴角度研究滇桂黔石漠化片区的脱贫攻坚成果巩固与乡村振兴有效衔接的问题，后者从民族地区角度研究民族地区的脱贫攻坚成果巩固与乡村振兴有效衔接的问题。而在研究问题和研究目的上，两个选题是一致的，都是探讨如何巩固脱贫攻坚成果与乡村振兴有效衔接的现状，并寻找解决方案。

提问：

换个角度再回答一遍（见表3-2）。

回答：

▶ 表3-2　立项选题与推荐选题的比较（另一种视角）

比较项目	滇桂黔石漠化片区巩固脱贫攻坚成果与乡村振兴有效衔接的现状调查研究	民族地区巩固脱贫攻坚成果与乡村振兴有效衔接的现状调查研究

---

[1]　说明：AI 生成的表格无表题、表序，此处内容为编者依据规范添加。

续表

研究方法	这项研究可能需要采取地质学、生态学等跨学科的研究方法，以深入了解石漠化地区的具体情况及其对脱贫攻坚和乡村振兴的影响	在这个主题下，研究方法可能需要更多地关注社会学、人类学等社会科学方法，以理解特定民族地区的社会文化背景
研究难度	由于石漠化地区的特殊性，获取数据和进行实地研究可能具有一定的困难。同时，如何在石漠化环境下有效实施乡村振兴战略也是一个挑战	由于民族地区的多样性，理解和应对各个不同民族地区的特殊性可能更具挑战性。这需要对多种文化有深入的理解和认知
研究影响	由于滇桂黔地区石漠化问题的严重性，这项研究可能会对环境保护和地方社会经济发展产生重要影响	这项研究可能会对民族地区的社会政策、脱贫攻坚和乡村振兴战略产生重要影响，可能会影响多个民族地区的未来发展

正如笔者所指出的，上述案例中涉及的推荐选题属于具体条目，申请人所做的修改不是很大，甚至可以直接拿它作为课题题目进行申报。方向性条目则不同，其只规定了研究范围和方向，申请人在申报时需要据此自行确定具体的题目进行申报。例如，在 2022 年国家社会科学基金项目申报的课题指南中，在新闻学与传播学学科指南里有一条方向性条目选题"中国老年群体与智能媒体研究"，而在课题立项名单中有一项课题题目为"智能信息传播与超大城市老年数字社会治理研究"，能够看出二者之间的差距还是比较大的，那么申请人是如何针对方向性条目选题，结合自己的思考和前期研究生发出新选题的呢？可以借助 AI 对立项选题与方向性条目选题进行比较。

提问：

2022 年国家社会科学基金立项名单中有选题"智能信息传播与超大城市老年数字社会治理研究"，申报公告的课题指南中有推荐选题"中国老年群体与智能媒体研究"。请帮忙从研究视角、研究对象、研究问题等方面比较一下这两个选题有什么区别，用一个表格列出这些区别（见表 3-3）。

回答：

▶ 表 3-3　立项选题与推荐方向性选题的比较

比较项目	智能信息传播与超大城市老年数字社会治理研究	中国老年群体与智能媒体研究
研究视角	这个课题从信息传播和社会治理的角度来研究老年群体在超大城市中的数字化问题，主要关注如何通过智能信息的传播来改进和优化老年社会治理	这个课题从媒体和社会学的视角来研究中国老年群体与智能媒体的关系，主要关注老年群体如何与智能媒体互动，以及这种互动如何影响他们的生活
研究对象	研究对象主要是超大城市中的老年群体，更注重特定城市环境中的问题	研究对象是全中国的老年群体，研究范围更广泛
研究问题	主要研究问题可能包括：如何通过智能信息传播来改进超大城市的老年社会治理？智能信息传播如何影响超大城市的老年社会治理？	主要研究问题可能包括：中国的老年群体如何使用和理解智能媒体？智能媒体对中国老年群体的影响是什么？

由表 3-3 可以看出，"智能信息传播与超大城市老年数字社会治理研究"和"中国老年群体与智能媒体研究"在研究视角、研究对象和研究问题等方面存在一定的区别。前者从城市老年群体的视角出发，关注智能信息传播与数字社会治理的互动关系；后者则更加关注老年群体对智能媒体的认知和使用情况以及智能媒体对老年群体生活、健康和社会参与的影响。同时，两个选题都涉及老年群体和数字化的问题，但前者强调了治理和互动方面的问题，后者则强调了认知和影响方面的问题。

综上所述，对往年已立项课题题目进行分析，特别是对已立项课题题目与当年课题指南中与之相对应的推荐题目进行比较分析，对申请人申报课题有多方面的帮助。第一，能够帮助申请人理解该类型课题的评审标准。通过比较分析，申请人可以对该类课题的评审标准和期望有更深入的理解。第二，能够帮助申请人获取可借鉴的研究视角和研究方法。分析往年立项的课题题目，申请人可以从中得到关于研究视角、研究方法、研究对象和研究问题方面的启示。第三，能够帮助申请人发现研究热点和趋势。通过比较分析，可以了解该类课题的评审多关注哪些研究热点和趋势，以便申请人在申报课题时能够紧跟这些热点和趋势。第四，能够帮助申请人避免重复申报。通过对已立项课题题目进行分析，申请人可有效避免重复申报，进而提高申报成功的可能性。第五，能够帮助申请人提高申报成功率。通过对已立项课题题目进行详细分析和对比，申请人可在申报过程中避开常见的陷阱，增强申报课题的针对性和准确性，从而提高申报成功的概率。

总之，对已立项课题题目的分析，是申请人在课题申报过程中必须做的一项工作，"知己知彼"可帮助申请人提高申报成功的可能性。而借助 AI 对已立项课题题目进行分析，能够让申请人获得更有用的信息，得到更多的启发。

第 4 章

AI 辅助研究
背景写作

　　研究背景是课题申报书的重要组成部分，对于阐述课题的重要性、时效性及其对特定领域的影响有着至关重要的作用。首先，研究背景为评审专家提供了理解研究问题的情境。这有助于评审专家理解这个问题的重要性，以及为什么需要进行这样的研究。其次，清晰、有力的研究背景可以证明课题的时效性，从而说服评审专家支持该项目的申报。最后，研究背景可以展示研究的创新性，表明这项研究在某个领域的新贡献。因此，即便有的课题申报书没有明确让申请人写出研究背景，但是通常来说，申请人都会在课题申报书的最前面用较简练的文字写清楚研究背景。研究背景的字数为 200~300 字，能够起到破题的作用。

　　申请人在借助 AI 明确拟申报选题的研究背景时，可采用整体性提问和分要素提问两种方式。

第一节 借助 AI 整体性梳理研究背景

此处，笔者以自拟课题选题"短视频对国家形象的塑造和传播研究"为例，介绍如何用整体性提问的方式借助 AI 梳理研究背景。

提问：

我在申报 2023 年国家社会科学基金项目，我的选题是"短视频对国家形象的塑造和传播研究"，我在写课题申报书，请你为我写出关于这个选题的研究背景。

回答：

当今社会，随着移动互联网技术的飞速发展，短视频成为人们获取信息、娱乐休闲的主要方式之一。同时，短视频平台也成了传播国家形象的新渠道，越来越多的政府机构和相关部门利用短视频平台进行国家形象的传播和塑造。然而，目前有关短视频对国家形象的塑造和传播的研究相对较少。尤其是在不同文化、不同国家的比较研究方面，还存在诸多未知的问题。因此，深入研究短视频对国家形象的塑造和传播，对于加深人们对短视频传播机制的认识，拓展国家形象传播的新思路具有重要意义。

提问：

换个角度再回答一遍。

回答：

随着移动互联网技术的不断发展，短视频作为一种新兴媒介已经成为人们获取信息和娱乐休闲的主要方式之一。同时，政府机构和相关部门也开始利用短视频平台进行国家形象的传播和塑造，希望通过短视频平台扩大影响力。然而，短视频对国家形象的塑造和传播的影响机制尚未得到充分的研究。不同文化、不同国家的短视频对国家形象的塑造和传播方式也存在很大的差异，深入探究这些差异，对于深入了解短视频传播机制和拓展国家形象传播的新思路具有重要的理论和实践意义。

因此，深入研究短视频对国家形象的塑造和传播，对于加深人们对短视频传播机制的认识，促进国家形象的有效传播具有重要的现实意义和实践价值。

提问：

控制在 200 字以内 [①]。

回答：

随着移动互联网的发展，短视频成为人们获取信息和娱乐的主要方式。政府部门也开始利用短视频平台进行国家形象的传播和塑造。然而，对于短视频对国家形象的塑造和传播研究尚未得到充分的关注。不同文化、不同国家的短视频对国家形象的传播方式也存在很大差异，这些差异的探究对于加深人们对短视频传播机制的认识和拓展国家形象传播的新思路具有重要意义。因此，深入研究短视频对国家形象的塑造和传播，加深人们对短视频传播机制的认识，对于促进国家形象传播的有效推广具有重要的实践价值。

通过整体性提问，AI 给出的课题研究背景在语言表述上还是很规范的，但是细究起来，内容上略显空洞。为了解决这一问题，推荐申请人先对研究背景进行认真研究，分析出研究背景包含的要素，然后根据这些要素进行提问，得到的回答会对申请人有很大的启发和帮助。

第二节　借助 AI 分要素梳理研究背景

课题选题的研究背景可以从政治背景、政策背景、理论背景、实践背景等多个

---

① 虽然提问中要求"200 字以内"，但是 AI 依然给出了超过 200 字，甚至达到 500 字左右的回答，申请人可对此做进一步调试，或者自行删减字数。因为笔者提倡的是"人机共舞"，是将 AI 作为有效的学术伙伴，不提倡用复制、粘贴的方式直接使用 AI 的回答，所以此处保留了 AI 回答的原貌。后文出现类似情况时均做如此处理。

方面展开分析，具体包括以下内容。

1. 政治背景。研究者可以说明该选题与当前国家政治环境、政策导向、政治目标等的关系和必要性，阐明研究选题的政治背景。

2. 政策背景。研究者可以分析政策制定的历史和政策制定的影响因素，说明选题的研究目的、研究价值和研究意义。

3. 理论背景。研究者可以阐述该选题研究的基础理论、相关概念和相关研究范式，明确选题的理论基础和研究动机。

4. 实践背景。研究者可以介绍该选题的实践意义、实践问题和社会需求，阐明选题的研究意义和实践价值。

将上述内容进一步提炼，便可总结出研究背景的要素，如图 4-1 所示。

政治背景、政策背景、理论背景和实践背景相互关联，并对研究的问题、目标和方法产生影响。政治背景和政策背景可能会塑造研究问题的方向和范围，理论背景可以提供相关的研究范式和工具，实践背景则提供了数据和案例。

首先，针对政治背景进行提问。

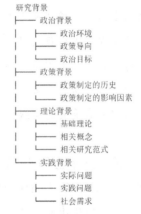

```
研究背景
├── 政治背景
│   ├── 政治环境
│   ├── 政策导向
│   └── 政治目标
├── 政策背景
│   ├── 政策制定的历史
│   └── 政策制定的影响因素
├── 理论背景
│   ├── 基础理论
│   ├── 相关概念
│   └── 相关研究范式
└── 实践背景
    ├── 实际问题
    ├── 实践问题
    └── 社会需求
```

图 4-1 研究背景的要素

提问：

我在申报国家社会科学基金项目，我的选题是"短视频对国家形象的塑造和传播研究"，我在写课题申报书，请你为我写出关于这个选题的政治背景，包括政治环境、政策导向、政治目标等因素，写一段完整的话。

回答：

在当前复杂的国际形势下，国家形象的塑造和传播变得更为重要和紧迫。在此背景下，短视频作为一种快速、生动、易传播的新媒介方式，已经成为关注的焦点。在我国，短视频行业得到了快速发展，政府也出台了一系列政策来推动其发展，并将短视频视为一种重要的传播手段。同时，短视频也成为应对负面舆情、维护国家形象和利益的重要手段。因此，短视频对国家形象的塑造和传播已成为当前政治背景下备受关注的热点议题，研究其影响和机制具有重要的现实意义和战略意义。

接下来，针对政策背景进行提问。

提问：

我在申报国家社会科学基金项目，我的选题是"短视频对国家形象的塑造和传播研究"，我在写课题申报书，请你为我写出关于这个选题的政策背景，包括政策制定的历史、背景、影响因素等，写一段完整的话。

回答：

短视频行业在中国得到了快速的发展，并得到了政府的大力支持和鼓励。政策制定的历史可以追溯到 2019 年，中国网络视听节目服务协会发布了《网络短视频平台管理规范》和《网络短视频内容审核标准细则》[①]，这两个文件成为各主要网络视听平台加强管理规范和内容审核管理的基础性制度文件，促进了短视频行业的健康发展。国家广播电视总局在 2020～2021 年发布了《广播电视和网络视听"十四五"发展规划》和《广播电视和网络视听"十四五"科技发展规划》，鼓励开拓短视频等新兴媒介传播方式，提升内容质量。2022 年，中央网络安全和信息化委员会办公室开展了"清朗·整治网络直播、短视频领域乱象"专项行动，在鼓励短视频行业发展的同时继续加强管理规范。

接着，针对理论背景进行提问。

提问：

我在申报国家社会科学基金项目，我的选题是"短视频对国家形象的塑造和传播研究"，我在写课题申报书，请你为我写出这个选题的理论背景，包括相关理论、概念、研究范式等。

---

① Bingchat 等能够联网的 AI 工具提供的相关文件一般是准确的，而 ChatGPT 等无法联网或联网功能较差的 AI 工具提供的相关文件有时是假的，但不管 AI 工具的联网功能如何，申请人都要对 AI 提供的相关文件进行验证，不能拿来就用，对 AI 有时出现的机器幻想（即"一本正经地胡说八道"）要时刻保持警惕。

回答：

你好！对于"短视频对国家形象的塑造和传播研究"选题，以下是可能相关的理论背景。

1. 传播学理论。传播学是短视频对国家形象塑造和传播研究的基础理论，它研究的是信息传播的现象、过程、规律及其影响因素。在这个选题中，可以运用传播学理论探讨短视频的传播过程、效果和影响因素，从而分析其对国家形象的塑造和传播的作用。

2. 品牌形象塑造理论。品牌形象塑造理论主要是关注如何通过营销传播手段来建立或塑造一个品牌的形象。类比到国家形象上，就是探讨如何通过短视频的传播来塑造或强化国家形象，进而提高国家的知名度和影响力。

3. 社会认知理论。社会认知理论关注的是人们如何对信息进行加工、储存和利用。在这个选题中，社会认知理论可以用来分析人们如何从短视频中获取有关国家形象的信息，并进一步影响他们对国家形象的认知、态度和行为。

4. 研究范式。在具体的研究过程中，可以采用不同的研究范式，如实证研究、比较研究、文献分析等。选择合适的研究范式可以有效解决研究问题，提高研究效率和准确性。

综上所述，这些理论背景和研究范式可用来分析短视频对国家形象的塑造和传播，从而为研究提供理论基础和研究方法。

提问：

将字数控制在 200 字以内。

回答：

该选题的理论背景涵盖传播学、品牌形象塑造和社会认知理论。传播学可用于探讨短视频的传播过程、效果和影响因素，品牌形象塑造理论可用于探讨如何通过短视频来塑造或强化国家形象，而社会认知理论可用于分析人们如何从短视频中获取有关国家形象的信息。同时，合适的研究范式如实证研究、比较研究、文献分析等，能有效解决研究问题，提高研究效率和准确性。综上所述，以上理论背景和研究范式可用来分析短视频对国家形象的塑造和传播，为研究提供理论基础和研究方法。

最后，针对实践背景进行提问。

提问：

我在申报国家社会科学基金项目，我的选题是"短视频对国家形象的塑造和传播研究"，我在写课题申报书，请为我写出这个选题的实践背景，包括实际问题、现实情况、社会需求等。

回答：

非常好的选题！以下是你可以参考的实践背景段落。

近年来，随着移动互联网技术和社交媒体的普及，短视频成了人们获取信息、娱乐休闲、表达情感的重要方式。在此背景下，短视频对于国家形象的塑造和传播也变得更加重要。然而，当前社会上关于短视频对国家形象影响的研究还比较匮乏，同时短视频内容的真实性、准确性、偏颇性等问题也存在不少争议。因此，本课题旨在通过深入探究短视频对国家形象的塑造和传播机制、影响因素、效果等方面的研究，为提升国家形象和文化软实力提供理论和实践参考，同时为短视频内容建设提供改进和完善的思路和方法，具有重要的实践意义和社会价值。

提问：

对以上话语进行精简。

回答：

短视频已成为人们获取信息、娱乐休闲、表达情感的重要方式。在此背景下，研究短视频对国家形象的塑造和传播，对提升国家形象和软实力具有重要意义。然而，现有关于短视频对国家形象影响的研究仍不足，同时短视频内容的真实性、准确性、偏颇性等问题亦存在。因此，本课题旨在深入探究短视频的塑造和传播机制、影响因素、效果等方面，为提升国家形象提供理论和实践参考。

针对研究背景的四个方面及各要素进行提问后，将 AI 生成的四个方面的研究背景输入给 AI，让它重新整合成一段话。

提问：

　　将以上生成的政治背景、政策背景、理论背景和实践背景整合成一段300字左右关于该选题的研究背景的文字。

回答：

　　在当前全球化、信息化、多极化等复杂的国际形势下，短视频作为一种快速、生动、易传播的新媒介方式，已成为各国关注的焦点。我国政府出台了一系列政策来推动短视频发展，并将其视为一种重要的国际传播手段，以增强中国在国际舞台上的软实力。同时，短视频也成为应对外部负面舆情、维护国家形象和利益的重要手段。短视频对国家形象的塑造和传播已成为当前政治背景下备受关注的热点议题。传播学、品牌形象塑造和社会认知理论可用于分析短视频对国家形象的塑造和传播，而实证研究、比较研究、文献分析等研究范式可提高研究效率和准确性。然而，现有关于短视频对国家形象影响的研究仍不足，同时短视频内容的真实性、准确性、偏颇性等问题亦存在。因此，本课题旨在深入探究短视频的塑造和传播机制、影响因素、效果等方面，为提升国家形象提供理论和实践参考。研究短视频对国家形象的影响，不仅有助于了解短视频行业发展趋势和为政策制定提供建议，更有助于提高国家软实力，扩大文化输出，以增强国家在国际舞台上的话语权和竞争力。

　　整体来看，采用按照分要素提问的方式，AI提供的信息更具体，虽然涉及的文件、政策、重要讲话等内容还需进一步查证，但整体来看，AI的问答还是比较有用的。

05

第 5 章

AI 辅助学术史梳理及研究动态写作

学术史梳理及研究动态是课题申请书选题依据里的重要组成部分，是学术研究的关键环节，用于系统审视和阐述某一学术领域或者主题的历史发展过程和研究状况，以及主要的研究成果和理论贡献。学术史梳理及研究动态是申请人对相关研究进行批判性阅读和客观分析，而不是对先前的研究进行简单总结或概述。通过回顾以往研究，申请人可以更好地理解和确定自己的研究问题或主题。了解研究领域的发展趋势和方向，则有助于申请人更好地定位自己的研究。通过学术史梳理及对研究动态的把握，申请人也可以发现已有研究中尚未被充分研究或理解的问题，为自己的研究找到合理的定位和出发点。

第一节　借助 AI 分关键词梳理学术史和研究动态

AI 不是搜索引擎，在它的语料库中并没有足够的相关文献，所以，使用 AI 来生成文献，往往得到很多假文献。因此，就目前而言，很多 AI 工具进行文献综述或学术史梳理的技术并不成熟。此处，笔者推荐一个大数据学术写作辅助平台——青泥学术，它是依靠大数据技术打造的学术写作辅助系统。该平台推出了智能综述功能，用户输入关键词便可获得智能文献综述和学术史分析。青泥学术主要依托大数据技术对 CSSCI 等核心期刊论文文献、部分相关专著和部分已立项国家级课题进行检索，虽然检索到的文献还不够全面，但能够为申请人提供大致相关的研究对象的学术史概况和研究动态。当然，青泥学术主要针对国内的学术成果给出学术史概况。对于学术史梳理和研究动态来说，需要从国内和国外两个方面分别梳理，或将两者合在一起，按学术脉络梳理。但是不管用哪种方式，国内和国外两个方面的已有研究成果都应被梳理出来。关于国外方面的学术史梳理和研究动态，申请人可综合使用 ChatGPT 和 New Bing 等 AI 工具来辅助完成，具体方法可参照《高效写论文：AI 辅助学术论文写作》一书中的相关章节，此处不再赘述。

此处，笔者针对拟定课题题目"短视频对国家形象的塑造及传播研究"，分别以"短视频"和"国家形象"两个关键词进行学术史梳理。笔者的做法是，先将青泥学术平台上生成的相关学术史内容输入给 AI，然后由 AI 借助其强大的语言理解和文本生成能力，围绕相关关键词进行学术史梳理和研究动态分析。

提问：

以下是关于短视频的学术史资料。

\#\#\#

短视频是一个非常重要的研究领域，很多学者都对这个课题进行了深入研究。综合来看，该课题的发展大体可以划分为以下五个阶段。

第一阶段（2014—2015 年）

该时间段内的核心主题词是"传播特点"。还有学者从动态社交语言（张梓轩 等，2015）、媒体融合（夏德元，2015）、整合传播（周鹍鹏，2015）等角度进行了研究。

第二阶段（2016—2017 年）

该时间段内的核心主题词是"短视频"。其中，戴德宝（2017）认为：互动行为和创造行为对感知价值、忠诚度都有显著正向影响；浏览行为只对功能价值有显著正向影响，不能引起情感价值、忠诚度的显著变化；感知价值在互动行为和创造行为对忠诚度的影响过程中起到部分中介的作用。张梓轩（2017）认为，传统的电视新闻生产的惯性仍在移动平台延续，而由于移动媒体的特有性质，奠定于电影时代、电视新闻时代，被认为对受众意味着具有吸引力或者彰显新闻专业性的大部分视听语言要素，对移动端的实际收视并不具有正面效果。除此之外，还有学者从秒拍（张琳，2017）、自媒体（周海娟，2017）等角度进行了研究。

第三阶段（2018—2019 年）

该时间段内的核心主题词是"短视频"。其中，晏青（2019）认为，短新闻生产的源媒体特征明显，出现去故事化、去播报化、记者弱化的新闻形态，在侧重展现新闻的经过和结果的基础上兼顾新闻的完整性。总之，作为传统主流媒体的《人民日报》和"央视新闻"与作为新型主流媒体的短视频新闻实践在视频来源上特征迥异，在技术形态与新闻要素使用上趋同。王朝阳（2019）认为，首先，新闻短视频中负面情绪普遍存在。线上新闻评论区域是个体情绪宣泄的场所，多元主体话语博弈中充满负面情绪，其传播路径分为传染、扩散、变异。其次，情绪设置只可以影响人们带着情绪地想，并不能影响人们以什么情绪来怎么想。短视频情绪设置机制不同于单一文本形态的情绪设置机制，情绪偏好倾向于负面情绪设置。最后，用户拥有重构情绪的权利，表现为正面情绪向负面情绪的异化、中性情绪向正面或负面情绪的异化。研究认为，新闻短视频传播中存在情绪差异，且情绪差异与传播效力之间存在一定的联系。除此之外，还有学者从移动短视频（何志武，2019）、主流媒体（晏青，2019）、政务新媒体（路鹍，2019）等角度进行了研究。

第四阶段（2020—2021 年）

该时间段内的核心主题词是"短视频"。其中，高晓晶（2021）认为，图书馆短视频的标题句型、背景音乐情感类型、制作类别、内容主题以及信息类型五个因素对其传播及互动效果有显著的影响。据此，高晓晶提出基于用户知识焦虑的标题触发、低门槛高密度的内容输出以及多变的酬赏设计等图书馆短视频运营策略。秦宗财（2021）认为，短视频的制作者能够细描城市特色文化，创造性地记录城市形象，短视频成了城市形象议题在网络空间中的公共话语表达，同时短视频赋予了人们现实感和归属感并存的社交新空间。运用短视频塑造城市形象，能够维系用户与城市的亲密关系，体现用户对城市的不同理解与认同。除此之外，还有学者从短视频平台版权治理（薛虹，2021）、移动短视频（侯婧，2021）等角度进行了研究。

第五阶段（2022 年至今）

该时间段内的核心主题词是"短视频"。其中，刘运国（2022）认为，短视频企业的商业模式通过影响资源配置逻辑和盈利驱动特征，决定企业的营业利润、成长性和加权平均资本成本，最终实现对企业价值的影响。研究结论填补了商业模式对企业价值影响方式和路径的研究空白，也为短视频企业商业模式创新和战略调整提供了理论支持，丰富了短视频企业价值评估工具。乐承毅（2022）认为，使用疲劳的推力因素、同伴影响的拉力因素和媒介依恋的锚定因素综合影响短视频用户非持续使用意向，媒介依恋在使用疲劳与非持续使用意向间起部分中介作用，用户涉入度在同伴影响对非持续使用意向的影响关系中起正向调节作用。乐承毅的研究拓展了非持续使用意向的研究情境和原因构成，以期为短视频运营商洞悉用户非持续使用意向成因，改进服务，吸引用户持续使用提供参考。除此之外，还有学者从抖音（李冉冉，2022）、和主流媒体（陈芸，2022）等角度进行了研究。

###

请你帮我撰写一篇关于短视频的学术史梳理，字数在 800 字左右。

回答：

在过去的十年中，短视频已从一种新兴的传播媒介发展为一个重要的研究领域。以下是对这一研究领域历史发展的梳理。

2014—2015 年是短视频研究的初期阶段。在该阶段研究者主要关注的是短视频的传播特点（李佩佩，2015）。也有学者从动态社交语言（张梓轩，2015）、媒体融合（夏德元，2015）和整合传播（周鹍鹏，2015）等角度进行了研究。这一阶段的研究为我们理解短视频的特性和传播方式奠定了基础。

2016—2017 年，研究者开始更加深入地研究短视频。例如，戴德宝（2017）研究了互动行为、创造行为以及浏览行为对感知价值和忠诚度的影响；张梓轩（2017）对传统的电视新闻生产在移动平台上的延续进行了分析。这一阶段的研究使我们更好地理解了短视频在社交互动和新闻传播中的重要作用。

2018—2019 年，对短视频的研究进入一个新阶段。晏青（2019）研究了短新闻的特征和形态，王朝阳（2019）则探讨了新闻短视频中负面情绪的存在以及情绪设置的影响。这一阶段的研究使我们更深入地理解了短视频在新闻传播和情绪传播中的独特性。

2020—2021 年，对短视频的研究继续深化和发展。高晓晶（2021）研究了图书馆短视频的标题句型、背景音乐情感类型、制作类别、内容主题以及信息类型对其传播和互动效果的影响，秦宗财（2021）研究了短视频在塑造城市形象中的作用。这一阶段的研究使我们认识到短视频在信息传播、情感表达和城市形象塑造中的重要作用。

2022 年至今，对短视频的研究开始转向更具体的领域和问题。刘运国（2022）研究了短视频企业的商业模式对企业价值的影响，乐承毅（2022）则探讨了使用疲劳、同伴影响和媒介依恋对短视频用户非持续使用意向的影响。这一阶段的研究使我们更加清楚地看到短视频在商业模式、用户行为和传播效果方面的影响。

总的来说，短视频研究的历史发展展示了这个领域的丰富性和复杂性。从最初的传播特点研究，到后来的社交互动、新闻传播、情绪传播，再到最近的商业模式和用户行为研究，每一个阶段的研究都为我们理解和利用短视频提供了宝贵的知识和启示。未来，我们期待这个领域能够产生更多有深度、有广度的研究，以便我们更好地理解和利用短视频这个强大的传播工具。以"国家形象"为关键词的学史梳理此处不再赘述。

2014 年以前的国家社会科学基金项目等课题申报中，这一部分为文献综述或国内外研究现状，2014 年以后该部分改为"国内外相关研究的学术史梳理及研究动态"，学术史梳理及研究动态与文献综述有着非常紧密的联系，可以说，学术史梳理及研究动态是在对大量与拟研究课题的议题或关键词相关的已有文献进行梳理的基础上写成的。但是学术史梳理及研究动态又和文献综述有一定的区别，区别就在于"史"上，也就是说，学术史梳理及研究动态不仅要按照研究主题对已有文献进行分类汇总，还要梳理出学术发展的脉络以及走向，这就要求在梳理过程中特别关注谁首次提出什么观点、学术界在哪个历史阶段关心或关注哪些研究主题、从哪个阶段开始转向关注哪些研究主题、现阶段大多关注哪些研究主题、哪些研究主题是学者们接下来一段时间内密切关注的等。在文字表述中要灵活使用"首次""开始""逐渐""深入""转向"等词汇。

但是，在实际申报过程中，很多学者并不清楚学术史梳理及研究动态与文献综述的联系和区别，有的申请人甚至对申请书的提示文字视而不见，依然把小标题写作"文献综述"或"国内外研究现状"，这都是不可取的，否则有可能因为该细节而让课题评审专家认为申请人不认真或缺乏学术史梳理的学术能力。对于此类申请人而言，AI 的上述回答为申请人提供了一定的写作范式。

此处，我们还必须指出，学术史梳理及研究动态对课题申报是很重要的，在申请书论证中占据非常重要的位置，因为它体现出申请人对拟研究课题相关已有文献和研究的了解和掌握程度，体现出申请人"站在前人肩膀上开展研究"的能力，体现出申请人拟研究的课题是否有研究的价值和创新性，体现出申请人对"所研究问题从问题或者理论产生、发展过程及现状做全面、系统、深入梳理、总结和评判"[①] 的能力。总之，从学术史梳理及研究动态部分就能看出申请人是否拥有一定的研究能力以及对拟研究问题的把握程度。

细心的申请人会发现，近几年国家社会科学基金项目申请书要求略写学术史梳理及研究动态部分，但是略写并不代表它不重要，反倒对申请人提出了更高的要求。需要申请人具有较强的总结提炼和精准表达的能力。

综上，AI 虽然能帮助申请人将学术史梳理和研究动态写得规范一些，但是 AI 不具备申请人必须具备的学术能力，而这一能力的养成需要经过严苛且规范的学术训练。

---

① 文传浩，夏宇，杨绍军，等. 国家社科基金项目申报规范、技巧与案例 [M]. 4 版. 成都：西南财经大学出版社，2020：116.

第二节　借助 AI 分析研究述评

对于学术史梳理和研究动态的撰写来说，很多学者往往会犯只综不述、有述无评的错误。只综不述，指的是简单罗列已有成果，但不对重要观点进行分析和阐述；有述无评，指的是对已有文献及核心观点进行分析阐释和归类汇总，但不对已有成果做出评价。正确的做法是，申请人在对已有成果和相关问题进行综述之后，还需要做简短且客观的评价或评论，在充分肯定已有研究所做出的学术贡献的基础上，客观指出已有研究忽略的问题或不足之处。

申请人在借助 AI 对已有研究进行评价时，要先将 AI 对学术史梳理后得出的总结性文字输入给 AI，然后让它通过对已有研究所做工作的分析来总结已有研究的不足。

提问:

已有研究成果在短视频和国家形象研究方面做了如下工作。

\###

在国家形象方面，研究重点在于国家形象的概念界定及其与政治、经济和社会等方面的关系；研究关注点转向国家形象在西方媒体中的呈现及其传播效果；研究开始聚焦国家形象研究的理论建构、方法论和新媒体语境下国家形象的塑造；研究关注在海外华文媒体对国家形象传播中的作用、援助项目在国家形象塑造中的影响以及新形势下国家形象传播的策略。

在短视频方面，研究主要关注短视频的动态社交语言、媒体融合和整合传播等方面；探讨短视频的传播特点和影响因素；研究短视频在新闻传播领域的应用；研究短视频在特定领域的应用与价值；研究短视频在商业领域的应用。此外，学者们还从抖音和主流媒体等方面展开了研究。

\###

你认为已有研究有哪些不足？

回答:

根据你所提供的研究概述，我发现以下几个可能的不足之处。

1. 对用户行为的理解。虽然已有研究对短视频的传播特点和影响因素进行了探讨，但似乎对用户如何接收、解释以及利用这些短视频的行为理解得不够深入。用户是短视频传播的关键环节，他们的行为、动机和感受对短视频的影响力和传播路径具有重要作用。

2. 缺乏跨文化视角。在国家形象研究中，已有研究似乎主要关注的是西方媒体和海外华文媒体的角度，可能忽视了其他非西方或非华文的媒体和文化视角。全球化背景下，来自不同文化和地区的观点可能对国家形象产生重要影响。

3. 短视频的负面影响。虽然已有研究对短视频在新闻传播、特定领域和商业领域的应用进行了研究，但似乎没有提及短视频可能带来的负面影响，如信息过载、虚假信息传播、隐私问题等。

4. 对新技术的适应性研究。随着人工智能、大数据等新技术的发展，短视频和国家形象的传播方式也在不断变化。已有研究似乎没有涉及这些新技术如何影响短视频和国家形象的传播，以及如何适应这些变化。

5. 缺乏建构主义视角。国家形象不仅是被传播的，同时也是被接收者建构的。已有研究似乎没有深入探讨这一建构过程，以及不同接收者如何基于自身的文化、价值观和经验来建构国家形象。

以上仅为我的初步思考，并不代表已有研究没有对这些问题进行探讨。每项研究都有其侧重点，这些所谓的"不足"，也可能是未来研究的新方向。

根据述评应简练的原则，进一步追问。

提问:

将每一条提炼成一句话，用"已有研究对……研究不足或研究较少"的表达方式。在回答的开头采用"已有研究从多个方面展开研究，取得了一定的成果，但还存在以下不足"模式。

回答:

已有研究从多个方面展开研究,取得了一定的成果,但还存在以下不足。

1.已有研究对短视频用户的接收、解释和利用行为理解得不足。

2.已有研究在探讨国家形象时较少考虑非西方或非华文的跨文化视角。

3.已有研究较少关注短视频可能带来的负面影响,如信息过载、虚假信息传播、隐私问题等。

4.已有研究在处理新技术如人工智能、大数据对短视频和国家形象传播影响时存在不足。

5.已有研究对于接收者如何基于自身的文化、价值观和经验来建构国家形象探讨较少。

申请人在对已有研究成果进行评价时,一定要做到客观、中立,不能为了凸显自己拟开展课题的创新性而对已有成果的贡献全盘否定,也不能对已有研究成果大肆批判以彰显自己的学术观点或学术能力,更不要使用诸如"填补空白"等词汇。

需要指出的是,AI 是在申请人给它的已有研究所做工作的基础上撰写的评价,申请人对已有研究所做工作总结得是否全面,直接影响 AI 给出的评价内容。对已有研究成果所做的评价具有高度概括性、发现性、思辨性和前瞻性,是申请人研究能力的集中体现,所以 AI 无法完全替代申请人来做这项工作。

06

第 6 章
AI 辅助研究价值写作

在课题申请书的"选题依据"部分,除了"学术史梳理及研究动态",还需要申请人写出课题的研究价值即申请书中的"本课题的学术价值和应用价值"。研究价值通常指一项研究对科学、学术或社会的贡献程度。

可以结合以下几个问题来思考课题的研究价值。

● 是否对现有的理论或概念提出了挑战或增添了新的理解?

● 研究成果是否能够被应用在实践中?是否能够提供解决实际问题的新方法或工具?

● 是否开发了新的研究方法或技术?是否对现有的研究方法提出了改进办法?

● 研究成果对社会的影响是什么?是否能够提高人们的生活质量、维护社会公正、改善环境、提高教育质量等?

● 是否能够推动整个学术领域的发展?是否能够激发其他研究者进行更深入的研究?

由此可见,一项课题的研究价值可以从多个方面进行考虑。也就是说,一项课题的研究往往具有多重价值。评价一项课题的研究价值通常需要对其进行全面的评估,并采用不同的视角和标准。

在借助 AI 辅助研究价值写作时,可以采用整体性提问、分维度提问和投喂式提问,分别从整体上、更深层次上和独到性上由浅入深地挖掘拟申请课题的研究价值。

第一节　借助 AI 整体性分析研究价值

向 AI 直接提问，让它列出拟申报课题的研究价值，能够帮助申请人初步了解该选题的研究价值。此处，笔者以自选题目"短视频对国家形象的塑造和传播研究"为例，向 AI 发问。

提问：

我在申报 2023 年国家社会科学基金项目，我报的选题是"短视频对国家形象的塑造和传播研究"，请你为我写出这个选题的研究价值。

回答：

非常好，你选取的选题"短视频对国家形象的塑造和传播研究"是当前社会热点问题，具有重要的研究价值。以下是该选题的研究价值。

1. 塑造国家形象。短视频在信息传播方面有着独特的优势，具有简洁、生动、直观等特点，可以更好地呈现国家形象。通过研究短视频对国家形象的塑造，可以更好地了解国家形象塑造的机制和规律，为国家形象的塑造提供科学依据。

2. 推广文化软实力。国家的软实力是一个国家在国际社会中影响力的重要体现，而文化作为软实力的核心元素，是国家软实力的重要组成部分。通过研究短视频在文化传播方面的作用，可以更好地推广国家文化软实力，增强国家形象的文化吸引力。

3. 改善国际形象。随着全球化的发展，国际形象的重要性越来越凸显。短视频是一种可以跨越国界、语言和文化的媒介，可以快速传播信息。通过研究短视频在国际形象方面的作用，可以更好地改善国家在国际社会中的形象，增强国际影响力。

综上所述，研究短视频对国家形象的塑造和传播具有重要的理论和实践价值，可以为国家形象的塑造和推广提供科学依据和实践指导。

提问:

换个角度再写一遍。

回答:

在当今社会，短视频已成为一种广泛应用的媒介形式，其在塑造和传播国家形象方面发挥着越来越重要的作用。因此，研究短视频对国家形象的塑造和传播具有多方面的研究价值。

首先，对于国家形象的塑造，短视频的独特性和创新性使其能够更好地表达国家形象。因此，通过研究短视频对国家形象的塑造，可以更好地了解短视频在传播过程中的机制和规律，为国家形象的塑造提供科学依据。

其次，研究短视频在推广国家文化软实力方面的作用，可以更好地增强国家形象的文化吸引力。在全球化背景下，国家文化的传播已经成为推动国际交流和合作的重要手段。通过研究短视频在文化传播方面的作用，可以更好地推广国家文化软实力，提高国家的国际竞争力。

最后，研究短视频对国家国际形象的改善，以及国家在国际社会中的形象和地位具有重要的意义。短视频作为一种可以跨越国界、语言和文化的媒介形式，可以快速传播信息，因此，通过研究短视频在国际形象方面的作用，可以更好地改善国家在国际社会中的形象，增强国际影响力。

综上所述，研究短视频对国家形象的塑造和传播具有重要的理论和实践价值，可以为国家形象的塑造和推广提供科学依据和实践指导，同时也能够为国家的国际交流和合作做出贡献。

从上述回答中可以看出，AI 给出了拟申报课题选题的研究价值，具有一定的启发性，语言表述较规范，对语言表达能力不是很强的申请人帮助较大。但是，细细读来会发现，通过整体性提问获得的研究价值表述还是显得比较宽泛，没有针对性。

第二节　借助 AI 分维度分析研究价值

课题的研究价值包括很多方面，如图 6-1 所示。

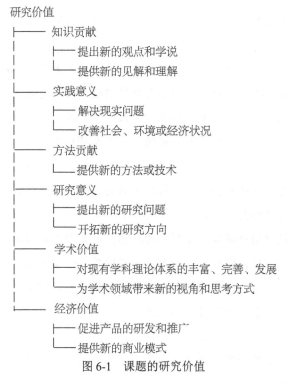

研究价值
├── 知识贡献
│　├── 提出新的观点和学说
│　└── 提供新的见解和理解
├── 实践意义
│　├── 解决现实问题
│　└── 改善社会、环境或经济状况
├── 方法贡献
│　└── 提供新的方法或技术
├── 研究意义
│　├── 提出新的研究问题
│　└── 开拓新的研究方向
├── 学术价值
│　├── 对现有学科理论体系的丰富、完善、发展
│　└── 为学术领域带来新的视角和思考方式
└── 经济价值
　├── 促进产品的研发和推广
　└── 提供新的商业模式

图 6-1　课题的研究价值

诸如国家社会科学基金项目等课题在申请书中明确要求从学术价值和应用价值等方面对研究价值进行总结归纳，因此，接下来，笔者将着重对课题的学术价值和应用价值进行分析。需要指出的是，申请书在提到学术价值和应用价值时后面还有个"等"字，也就是说，学术价值和应用价值是必需要写出来的，但如果申请人认为拟申报课题在其他方面还有研究价值，也可写出来。

一、借助 AI 分析学术价值

课题的学术价值指这个课题在学术领域内的重要性和影响力，具体指课题的研究成果对本领域、本学科、本方向或相关交叉学科理论体系的丰富、完善、发展、深化、补充、修正等[①]，可从理论贡献、实证贡献、研究方法贡献、数据贡献、跨学科贡献、对话贡献和启示贡献等方面进行综合考虑，如图 6-2 所示。一个高质量的课题通常会在多个方面展现出较高的学术价值。

图 6-2　各维度的学术价值

（1）理论贡献。课题可能对某个学科领域的理论提出新的观点、理论框架或方法。

（2）实证贡献。课题可能提供新的实证结果，为已有理论提供了支持或者否定了某些理论假设。

（3）研究方法贡献。课题可能提供新的研究方法、技术或工具，可以被其他研究人员用于类似的研究中。

（4）数据贡献。课题可能收集了新的数据，这些数据可以被其他学者用在未来的研究中。

（5）跨学科贡献。课题可能跨越了不同学科领域，为交叉学科提供了新的视角和方法。

（6）对话贡献。课题可能引起学术界的关注和讨论，促成了学术对话和辩论。

---

① 文传浩，夏宇，杨绍军，等.国家社科基金项目申报规范、技巧与案例[M].4 版.成都：西南财经大学出版社，2020：125.

（7）启示贡献。课题可能为其他研究提供了新的研究思路和方向。

在对学术价值的各个维度有一定认知的基础上，申请人可向 AI 提问。提问时需要注意，学术价值涉及理论、方法等问题，所以申请人要将自己拟采用的理论、方法"告知"AI，这样它提供的学术价值也会更精准。

提问：

我在申报 2023 年国家社会科学基金项目，我的选题为"短视频对国家形象的塑造和传播研究"，会综合使用新闻传播学、艺术学等学科的相关理论，将采用案例分析法、实证研究法、问卷调查法、深度访谈法等研究方法。请你帮我写出这个课题的学术价值，包括理论贡献、实证贡献、研究方法贡献、数据贡献、跨学科贡献、对话贡献、启示贡献等方面的学术价值，当然不一定全部列出来，请根据该课题的实际情况列出。

回答：

非常好的选题！你的研究计划有以下学术价值。

1. 理论贡献

（1）深入探讨短视频对国家形象塑造和传播的理论框架，揭示其影响机制和影响因素，为相关理论构建和完善提供依据。

（2）借助新闻传播学、艺术学等学科的相关理论，探究短视频对国家形象塑造和传播的方式和效应，提出新的理论假设并进行验证。

2. 实证贡献

（1）通过案例分析法，深入分析具有代表性的短视频案例，探究短视频对国家形象的塑造和传播的特点和规律。

（2）运用实证研究法，通过对短视频的传播效应进行测量和分析，量化短视频对国家形象的塑造和传播效应，并分析其影响因素和机制。

3. 研究方法贡献

（1）综合使用案例分析法、实证研究法、问卷调查法、深度访谈法等研究方法，构建全面深入的研究框架。

（2）通过这些方法的组合，深入挖掘短视频对国家形象的塑造和传播的多方面特征和效应，提高研究的深度和广度。

4. 数据贡献

（1）通过问卷调查法，获得受众通过短视频认知和评价国家形象的数据，丰富对短视频传播效应的量化分析。

（2）通过深度访谈法，获取短视频制作和传播的相关从业者的观点和经验，为研究提供有价值的实证数据。

5. 跨学科贡献

（1）综合应用新闻传播学、艺术学等学科的相关理论，为跨学科研究提供新思路和新范式。

（2）将研究对象从单一的短视频传播扩展到国家形象的塑造和传播，为多学科交叉研究提供范例。

6. 对话贡献

（1）通过深度访谈法，与短视频制作和传播从业者进行对话，深入了解他们的想法、经验和问题，为实践提供可行性建议。

（2）通过问卷调查法，与受众进行对话，了解他们的态度、信念和行为，为理论和实践相结合的探索提供参考。

7. 启示贡献

（1）深入研究短视频对国家形象的塑造和传播，可为政府和相关机构提供对短视频传播进行有效引导的建议和方案。

（2）研究短视频对国家形象的塑造和传播，可为短视频制作和传播提供创新的思路和策略。

综上所述，你的选题具有深入的理论价值、实证价值、方法价值、数据价值、跨学科价值、对话价值和启示价值。如果能够成功开展研究并取得实质性成果，将为学术界和社会实践提供重要的参考。

通过上述问答，可以发现 AI 撰写的学术价值对申请人能够起到一定的启发作用。此处的提问句型总结如下。

我在申报【课题种类】，我的选题为【题目】，会综合使用【所用理论，越具体越好】，将采用【研究方法，特别是较有新意的研究方法】等研究方法，【列出其他具有特色的地方，比如新的研究对象、新的研究问题、新的研究视角等】。请你帮我写出这个课题的学术价值，包括理论贡献、实证贡献、研究方法贡献、数据贡献、跨学科贡献、对话贡献、启示贡献等方面的学术价值，当然不一定全部列出来，请根据该课题的实际情况列出。

二、借助 AI 分析应用价值

课题的应用价值通常指的是课题研究结果在实际生活、工作、生产和社会活动中的使用价值和作用，具体指课题所研究的问题得到解决后，对解决现实问题能够提供怎样的政策建议、决策咨询、历史经验、科学依据等，以及为政府、企业或研究机构跟踪观测、调研提供支撑的实践价值[①]，可从实践指导、政策制定、经济效益、社会价值、实践创新、教育教学等方面进行综合考虑，如图 6-3 所示。

图 6-3　应用价值各维度

（1）实践指导。课题的研究成果能为实践者提供指导和建议，帮助他们更好地解决实际问题。

（2）政策制定。课题的研究成果能为政策制定者提供决策支持，帮助他们更好地制定相关政策。

---

① 　文传浩，夏宇，杨绍军，等 . 国家社科基金项目申报规范、技巧与案例 [M]. 4 版 . 成都：西南财经大学出版社，2020：125.

（3）经济效益。课题的研究成果能为企业或社会带来经济效益，如提高生产效率、降低生产成本等。

（4）社会价值。课题的研究成果能为社会产生积极影响，如提高公共服务质量、促进社会和谐稳定等。

（5）实践创新。课题的研究成果能为实践者带来新的实践思路和方法，帮助他们创新实践。

（6）教育教学。课题的研究成果能为教育教学提供新的理论支持和实践经验，帮助教育者提高教育质量和教学水平。

在对应用价值的各个维度有一定认知的基础上，申请人可对向 AI 提问。提问时需要注意，因为应用价值涉及课题研究成果在实践层面的应用、指导和引领作用，所以申请人应将课题拟研究的问题尽可能全面地"告知"AI，这样它提供的应用价值会更有针对性。

提问：

我在申报 2023 年国家社会科学基金项目，我的选题为"短视频对国家形象的塑造和传播研究"，主要研究短视频塑造了怎样的国家形象以及如何塑造新型国家形象，研究短视频传播新型国家形象的技巧，研究短视频在国家形象塑造和传播方面的现存问题，并提出相应的对策。请你为我列出该课题的应用价值，包括实践指导、政策制定、经济效益、社会价值、实践创新、教育教学等方面的应用价值，当然不一定全部列出来，请根据该课题的实际情况列出。

回答：

你的选题"短视频对国家形象的塑造和传播研究"在实践中具有多方面的应用价值，现列举如下。

1. 实践指导。研究结果可以为相关从业者提供实践指导，帮助他们更好地运用短视频塑造和传播国家形象。

2. 政策制定。研究结果可以为政府相关部门制定国家形象塑造和传播政策提供依据，推动政策的科学化和规范化。

3. 经济效益。研究结果可以为短视频产业的发展提供参考，指导相关企业开展短视频制作和传播业务，提升产业竞争力和经济效益。

4. 社会价值。研究结果可以为加强国家形象塑造和传播，增强国际交流和合作，提高国家整体形象和文化软实力做出贡献。

5. 实践创新。研究结果可以为短视频制作和传播的实践创新提供启示，推动短视频行业的发展和创新。

6. 教育教学。研究结果可以为高校和教育培训机构提供教学资源和案例，促进相关学科的教学和研究。

总之，该课题的应用价值很广泛，能够为国家形象的塑造和传播提供重要的指导和支持，推动短视频行业的发展和创新，促进社会进步和文化交流。

通过上述问答，将针对课题应用价值的提问句型总结如下。

> 我在申报【课题种类】，我的选题为【题目】，主要研究【研究内容，特别是具有特色的研究内容】。请你为我列出该课题的应用价值，包括实践指导、政策制定、经济效益、社会价值、实践创新、教育教学等方面的应用价值，当然不一定全部列出来，请根据该课题的实际情况列出。

第三节　借助 AI 提炼独到的学术价值和应用价值

通常，诸如国家社会科学基金项目申请书要求申请人撰写的学术价值和应用价值是本课题相较于已有研究的独到学术价值和应用价值。也就是说，要求申请人梳理的学术价值和应用价值并不是泛泛而谈的，而是和已有研究相比来说是独一无二的，这就离不开学术史梳理和研究动态部分梳理出的内容。所以，在撰写独到学术价值和应用价值时，笔者建议申请人采用投喂式提问的方式，先将已有研究成果"投喂"给 AI，然后让 AI 结合已有研究成果来比较分析拟申报课题独有的学术价值和应用价值。

一、采用投喂式提问得到独到的学术价值

在第五章第一节中笔者借助 AI 进行学术史梳理时间出了相关已有研究所做的工作，此处，笔者将这些已有研究作为资料"投喂"给 AI。

提问：

关于短视频与国家形象的相关研究，学者们主要做了以下工作。

###

在国家形象方面，研究重点在于国家形象的概念界定及其与政治、经济和社会等方面的关系；研究关注点转向国家形象在西方媒体中的呈现及其传播效果；研究开始聚焦国家形象研究的理论建构、方法论和新媒体语境下国家形象的塑造；研究关注海外华文媒体对国家形象传播的作用、援助项目在国家形象塑造中的影响以及新形势下国家形象传播的策略。

在短视频方面，主要关注短视频的动态社交语言、媒体融合和整合传播等方面；探讨短视频的传播特点和影响因素；研究短视频在新闻传播领域的应用；研究短视频在特定领域的应用与价值；研究短视频在商业领域的应用。此外，学者们还从抖音和主流媒体等方面展开了研究。

###

请将我拟申报的课题"短视频对国家形象的塑造及传播研究"与已有研究成果进行比较，列出该课题独到的学术价值。学术价值包括理论贡献、实证贡献、研究方法贡献、数据贡献、跨学科贡献、对话贡献、启示贡献等方面。请综合学术价值的这些方面，但不要再出现"理论贡献、实证贡献、研究方法贡献、数据贡献、跨学科贡献、对话贡献、启示贡献"这些词汇，写出该课题独到的学术价值，控制在300 字左右。

回答：

你的课题"短视频对国家形象的塑造及传播研究"独特的学术价值主要体现在

以下几个方面。

1. 此课题结合了新兴的短视频传播形式与国家形象建设，为我们理解和评估新媒体对国家形象塑造的影响提供了新的视角。这种新的视角有助于我们更好地理解和利用新媒体的力量，以更有效地塑造和传播国家形象。

2. 课题计划使用混合研究方法，结合定性和定量的研究方式。这种方式有助于我们更全面、深入地理解短视频在塑造和传播国家形象中的角色和影响力。

3. 课题选取的数据源为实际的短视频内容，这种实证研究方式能够更真实、准确地反映短视频在实际传播过程中的效果，为国家形象的塑造提供科学的数据支持。

4. 课题还将通过对短视频制作者、用户等多方面的访谈，收集到丰富的一手资料，使研究结果具有更高的信度和效度。这一举措将有助于我们从多角度、全方位地理解和评估短视频在塑造和传播国家形象中的作用，为国家形象的塑造和传播提供更有价值的策略和方法。

5. 课题研究成果将对多学科如新闻传播学、社会学、心理学等产生积极的影响。研究结果不仅可以丰富相关学科的理论知识，还可以为实际操作提供有价值的指导。

二、采用投喂式提问得到独到的应用价值

与前面的做法一样，笔者将相关已有研究"投喂"给 AI，此次要做的是，让它基于已有研究分析出拟申报课题的独到的应用价值。

提问：

关于短视频与国家形象的相关研究，学者们主要做了以下工作。

在国家形象方面，研究重点在于国家形象的概念界定及其与政治、经济和社会等方面的关系；研究关注点转向国家形象在媒体中的呈现及其传播效果；研究开始聚焦国家形象研究的理论建构、方法论和新媒体语境下国家形象的塑造；研究关注海外华文媒体对国家形象传播的作用、援助项目在国家形象塑造中的影响以及新形势下国家形象传播的策略。

在短视频方面，主要关注短视频的动态社交语言、媒体融合和整合传播等方面；探讨短视频的传播特点和影响因素；研究短视频在新闻传播领域的应用；研究短视

频在特定领域的应用与价值；研究短视频在商业领域的应用。此外，学者们还从抖音和主流媒体等方面展开了研究。

请将我拟申报的课题"短视频对国家形象的塑造及传播研究"与已有研究成果进行比较，列出该课题独到的应用价值。应用价值包括实践指导、政策制定、经济效益、社会价值、实践创新、教育教学等方面。请综合应用价值的这些方面，但不要再出现"实践指导、政策制定、经济效益、社会价值、实践创新、教育教学"这些词汇，写出该课题独到的应用价值，控制在 300 字左右。

回答：

你的课题"短视频对国家形象的塑造及传播研究"具有显著的应用价值，主要体现在以下几个方面。

1. 研究成果能为如何利用短视频来传播和塑造国家形象提供实用的建议，对于新闻媒体和政府宣传部门具有指导意义。

2. 该课题的研究结果将有助于政府和决策者更好地理解短视频在国家形象塑造中的作用，从而有利于他们制定有针对性的媒体政策。

3. 理解短视频如何影响国家形象也具有一定的经济价值。

4. 该课题的研究成果也可以用于教学。它可以作为新闻传播学、广告学以及媒体研究等课程的案例，帮助学生理解和掌握新媒体的传播特性和影响力。同时，课题的研究方法和过程也可以为学生提供参考和启示。

5. 该课题的研究成果也对社会具有深远的意义。公众可以通过理解短视频对国家形象的影响，更好地认识自己的国家，增强对国家的认同感和归属感。

三、采用投喂式提问得到已立同类项目的新进展

近年来国家社会科学基金项目申请书出现了新变化，即在选题依据部分，不仅要求撰写"本课题相对于已有研究的独到学术价值和应用价值等"，还要求撰写"特别是相对于国家社科基金已立同类项目的新进展"。这一新规定的用意在于避免同类项目的重复立项，同时也督促申请人对已立同类项目进行全面深入的了解，进而使拟申报课题更具创新性和学术价值。

申请人可登录全国哲学社会科学工作办公室官网，找到该网站页面上的"社科基金科研创新服务管理平台"，点击"项目查询"（见图6-4），登录"国家社科基金项目数据库"（见图6-5），通过相关关键词查询往年已立同类项目。需要注意的是，如果查询时数据库并没有收录最近一年的立项信息，则申请人要从全国哲学社会科学工作办公室官网上查询最近一年的立项信息，这样才能保证数据完整。还有，国家社科基金项目包括国家社科基金年度项目、国家社科基金艺术学项目、国家社科基金教育学项目（全国教育科学规划课题）、国家社科基金后期资助项目，这些都属于国家社科基金项目，查询时需要注意不要漏掉。

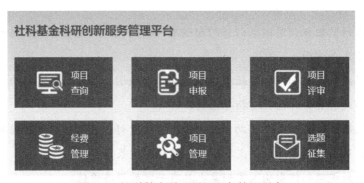

图6-4 社科基金科研创新服务管理平台

图6-5 国家社科基金项目数据库

提问:

以下是已立项的关于短视频与国家形象的国家社科基金选题。

1. 留守儿童短视频媒体使用对心理健康的影响及机制。

2. 我国农村地区移动短视频的生产、呈现与社会影响。

3. 5G 短视频传播生态下青年价值引领路径研究。

4. 当代中国短视频文化的"乡村叙事"研究。

5. 短视频艺术传播研究。

6. 基于短视频语料库的多模态论辩风格研究。

7. 短视频传播的情绪极化原理与情感治理研究。

8. 当前青年群体短视频使用的平台摇摆与政治认同研究。

9. 图书馆阅读推广中的短视频技术应用研究。

10. 短视频使用对青少年身心健康的影响及其精准引导研究。

11. 短视频平台传播机制中的安全风险与治理研究。

12. 5G 时代短视频生产与传播的网络安全引导体系研究。

13. 复杂适应性视域下自媒体短视频不良内容监管机制。

14. 国家形象的对外传播理论研究。

15. 中国影视海外传播塑造国家形象研究。

16. 21 世纪国外涉华纪录片中的中国国家形象研究。

17. 纪录片塑造国家形象的理论、历史与实践研究。

18. 基于国家形象构建的主旋律影视剧海外传播研究。

19. 文化认同视阈下形象宣传片中的国家形象自塑策略研究。

20. 新世纪以来中国题材纪录片国际传播的国家形象构建研究。

21. 中国电视纪录片中的国家形象研究。

22. 新媒体语境下国家形象传播的话语策略研究。

23. 纪录片塑造国家形象的理论、历史与实践研究。

24. 纪实影像与国家形象关系研究。

25. 中国电视传媒与中国国家形象海外传播研究。

请将我的课题选题"短视频对国家形象的塑造及传播研究"与上述已立项课题选题进行比较,列出我这个选题相对于国家社科基金已立同类项目的新进展。

回答:

对比你的选题"短视频对国家形象的塑造及传播研究"与已立项的课题选题后，可以发现你的选题有以下新的进展。

1. 媒体形式的创新。你的课题将研究对象定位为"短视频"，这是一种新兴的媒体形式。相比之下，已立项的课题主要关注传统的电视和电影媒体。短视频因形式短小、传播快速，已成为当前非常重要的传播媒介，特别是在年轻人中具有极大的影响力。因此，探究短视频如何塑造和传播国家形象具有重要的现实意义。

2. 观察角度的更新。已立项的课题主要从理论、历史、实践等角度探究国家形象的塑造与传播，而你的课题更多关注短视频这种新媒体形式在实际操作中如何对国家形象进行塑造和传播，这是一个新的观察角度。

3. 研究内容的拓展。已立项的课题多关注文化认同、话语策略等抽象的理论概念，而你的课题更加注重具体的传播实践，如短视频的制作、传播、接收等环节，这无疑拓展了研究内容。

4. 方法论的创新。你的课题可能运用大数据、社会网络分析等新兴的研究方法，去挖掘短视频对国家形象的塑造和传播的规律，这是一种方法论上的创新。

总的来说，你的课题"短视频对国家形象的塑造及传播研究"在研究对象、研究角度、研究内容和研究方法等方面，相较于已立项的课题都有所创新和发展，具有较高的研究价值。

综上所述，通过整体性提问、分维度提问和投喂式提问，申请人能够从宏观到微观较为全面、系统地把握拟申报课题的研究价值。当然，AI 只能辅助申请人更好地认知课题的研究价值，对于申请人来说，只有自己最了解课题的研究价值究竟体现在何处。所以，申请人需要结合 AI 的回答对研究价值做进一步的总结、凝练和提升，最终让自己撰写的研究价值达到精巧、准确、新颖的标准。

第 7 章

AI 辅助阐释
研究对象

研究对象指的是研究者想要了解、探究和研究的实体、现象、事件或者过程。研究对象可以是一个具体的事物，如一个产品、组织、人群、文化等，也可以是一个抽象的现象、概念或者理论。研究对象可以是自然界中原本存在的，也可以是人为创造的。研究对象的选择非常重要，因为它直接决定研究的目标、方法和结论。研究对象的选择需要根据研究主题、研究问题和研究范围来进行。确定研究对象后，研究者需要深入了解和研究该对象，收集和分析相关的数据和信息，以便对研究对象有更深入的理解和认识。

在诸如国家社会科学基金项目等课题的申报中，申请书的"研究内容"部分包含"本课题的研究对象"，即让申请人对拟研究的对象做出较为全面、深入、系统的阐释，同时让评审专家根据申请人的阐述，对拟申请课题的研究对象是否清晰、科学、准确进行判断。

第一节　借助 AI 整体性阐释研究对象

　　申请书的"本课题的研究对象"部分是让申请人对研究对象进行阐释，而很多申请人将这部分写成了研究问题，甚至有申请人将整个课题题目当成研究对象来阐释，这就混淆了研究对象、研究问题和课题题目。可先借助整体性提问来对研究对象有一个大致的认知。

提问：

　　我在申报 2023 年国家社会科学基金项目，我的课题选题为"短视频对国家形象的塑造及传播研究"，研究对象是短视频，请对这个研究对象进行阐释。

回答：

　　好的，针对你的选题，我可以对研究对象——短视频进行阐释。短视频是一种时长在几秒至几分钟之间的视频形式，通常以快节奏、瞬间传递信息为特点。在互联网技术的支持下，短视频得到了广泛的发展和应用。在现代社会中，短视频已成为一种新型的社交媒体形式，被广泛应用于各领域。比如，在教育领域，短视频成为一种新型的教育方式；在商业领域，短视频成为一种新型的广告形式；在娱乐领域，短视频成为一种新型的娱乐方式。

　　在你的选题中，短视频被作为研究对象，重点关注它对国家形象的塑造及传播。这是一个具有现实意义的选题，因为短视频已成为人们获取信息的重要途径，对国家形象的塑造和传播产生了越来越大的影响。对短视频进行研究，可以深入了解短视频对国家形象的塑造和传播的机制和规律，为国家形象的宣传和推广提供理论和实践上的参考和指导。

　　对研究对象的阐释没必要写太多，一般而言，对于不太复杂的研究对象来说，200 字左右即可。

提问:

将上述内容改写成 200 字左右的一段文字。

回答:

短视频是一种时长较短、节奏快、传递信息快捷的视频形式,在互联网技术的支持下被广泛应用。短视频在现代社会已经成为一种新型的社交媒体形式,被应用于教育、商业和娱乐等领域。在你的选题中,短视频被作为研究对象,重点关注它对国家形象的塑造及传播。短视频已成为人们获取信息的重要途径,对国家形象的塑造和传播产生了越来越大的影响。通过对短视频的研究,可以深入了解短视频对国家形象的塑造和传播的机制和规律,为国家形象的宣传和推广提供理论和实践上的参考和指导。

第二节　借助 AI 依据特性整体性阐释研究对象

借助整体性提问,可以从 AI 的回答中对研究对象有一个大致的认知,但是,这样获得的关于研究对象的阐释还是有些宽泛,不够深入。为了获得更深入一些的信息,可以依据研究对象的特性进行整体性提问。

一般来说,研究对象具有重要性、可研究性、可操作性、可靠性和有效性五个特性,如图 7-1 所示。

接下来,便依据研究对象的五个特性,让 AI 对研究对象进行阐释。

提问:

我在申报 2023 年国家社会科学基金项目,我的课

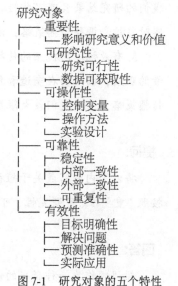

图 7-1　研究对象的五个特性

题选题为"短视频对国家形象的塑造及传播研究"，研究对象是短视频，请从重要性、可研究性、可操作性、可靠性、有效性五个方面对这个研究对象进行阐释。

回答：

1.重要性。短视频作为一种新兴的媒体形式，已经成为人们获取信息和娱乐的重要渠道。其独特的形式和特点，使其在塑造和传播国家形象方面具有巨大的潜力。通过短视频，我们可以将一个国家的历史、文化、社会和政治特征以直观、生动、易于接受的方式展示给全球观众，从而提升国家形象，增强国家的国际影响力。

2.可研究性。短视频的内容和形式非常多样，包括新闻报道、纪实片、宣传片等各种类型，提供了丰富的研究素材。同时，短视频的传播效果可以通过各种方式进行量化评估，如观看次数、点赞数、分享数、评论内容等，为研究提供了大量的实证数据。

3.可操作性。短视频的制作和发布相比传统媒体更简便，成本更低，使得我们可以在实际操作中探索和验证各种传播策略的效果。通过制作和发布不同类型和不同风格的短视频，可以观察和分析其对国家形象塑造和传播的影响，从而得出实证性的研究结果。

4.可靠性。短视频的传播效果可以通过大数据技术进行精确分析和评估，使得我们的研究结果具有可靠性。同时，短视频的传播具有即时性和互动性，我们可以实时监控和调整传播策略，以确保研究的可靠性。

5.有效性。短视频的传播具有强大的影响力和感染力，可以在短时间内触达大量的观众，因此其在塑造和传播国家形象方面具有有效性。通过采用合理和有效的传播策略，可使我们最大限度地利用短视频这一工具，提升国家形象的传播效果。

提问：

将以上内容写成关于短视频的阐释性文字，字数在200字左右，在表述中不要按照"重要性、可研究性、可操作性、可靠性、有效性"分段，也不要出现这些词汇。

回答：

短视频作为一种新兴的媒体形式，具有生动直观的特性和广泛的覆盖范围，已经渗透到人们的日常生活中，成为人们获取信息和娱乐的重要渠道。此外，短视频提供了丰富的素材和多样的表现形式，包括新闻报道、纪实片、宣传片等各种类型，为研究者提供了广阔的研究空间。与此同时，短视频的制作和发布相对于传统媒体更加简便、成本更低，便于进行实际操作和实证研究。通过精确的大数据分析，可以获取短视频的观看次数、点赞数、分享数、评论内容等量化信息，以此来评估短视频在传播国家形象方面的效果，确保研究的准确性。综合来看，短视频不仅在传播国家形象方面具有潜力，也是一个研究价值很高的对象。

从 AI 的回答能够看出，即便此次提问采取的依然是整体性提问，但通过将研究对象的特性提供给 AI，让它依照研究对象的特性对研究对象进行阐释，得到的阐释内容比直接进行整体性提问得到的信息更丰富。

借助 AI 依据特性整体性阐释研究对象的提问句型总结如下。

> 提问句型：我在申报【某级别课题】，我的课题选题为"【课题题目】"，研究对象是【研究对象】，请从重要性、可研究性、可操作性、可靠性、有效性五个方面对这个研究对象进行阐释。

第三节　借助 AI 依据特性细化阐释研究对象

所谓依据特性细化提问，即分别依据研究对象的五个特性，对研究对象进行细化阐释，然后将分别阐释的五个方面的内容输入给 AI，让它对研究对象做出更具有针对性的阐释。

一、借助 AI 依据重要性进行阐释

研究对象的重要性可细化为对研究意义和价值的影响，因此，可针对重要性的

表征对研究对象进行阐释。

提问:

我在申报 2023 年国家社会科学基金项目,我的课题选题为"短视频对国家形象的塑造及传播研究",研究对象是短视频,请从对研究意义和价值的影响方面分析这个研究对象的重要性。

回答:

短视频作为一种新兴的媒体形式,已经成为人们获取信息和娱乐的重要渠道,其影响力日益扩大。在国家形象的塑造和传播过程中,短视频因其独特的视觉表现力和强大的传播效力,越来越多地被各类主体采用。因此,研究短视频对国家形象的塑造及传播具有重要的理论意义和实践价值。

从理论意义上讲,短视频是一种新的传播载体,对其在国家形象的塑造及传播方面进行深入研究,可以丰富和拓展传媒学、国际关系学等学科领域的理论体系,为理解新媒体时代下国家形象的塑造和传播提供新的理论视角和研究路径。

从实践价值上看,研究短视频对国家形象的塑造及传播,可以为相关主体,如政府、企事业单位、非政府组织等提供科学的策略建议,帮助他们更好地利用短视频进行国家形象的传播,提升传播效果。此外,这一研究也可以为公众提供参考,引导他们更加理性、全面地看待短视频中的国家形象,提升他们的媒介素养。

提问:

请将上述内容改写为 200 字左右的一段话。

回答:

短视频作为一种新媒体,已普遍被认为是公众获取信息的重要途径。它独特的视觉表达力和强大的传播能力,对塑造和传播国家形象产生了深远影响。对短视频在塑造和传播国家形象方面的研究,不仅可以拓宽传播学、国际关系等领域的研究视角,丰富相关的理论体系,也可以为政府、企业和非政府组织等各类主体提供科学的策略建议,助力他们更有效地利用短视频传播国家形象,提升传播效果。同时,这样的研究也有助于引导公众理性看待短视频中的国家形象，提高他们的媒介素养。总的来说，短视频在塑造和传播国家形象的过程中扮演着不容忽视的角色，深入研究其影响力和作用，对理论和实践都有重要价值。

借助 AI 依据重要性对研究对象进行阐释的提问句型总结如下。

> 提问句型：我在申报【某级别课题】，我的课题选题为"【课题题目】"，研究对象是【研究对象】，请从对研究意义和价值的影响方面分析这个研究对象的重要性，将上述内容改写成一段【字数要求】的话。

二、借助 AI 依据可研究性进行阐释

研究对象的可研究性分为研究的可行性和数据的可获取性两个方面，可针对这两个方面对研究对象进行阐释。

提问：

我在申报 2023 年国家社会科学基金项目，我的课题选题为"短视频对国家形象的塑造及传播研究"，研究对象是短视频，请从研究的可行性和数据的可获取性两个方面分析这个研究对象的可研究性。

回答：

从研究的可行性来看，短视频作为一种新兴的媒体形式，其特性及影响力已经成为传播学、社会学、心理学等多个学科领域的研究焦点，相应的理论体系和研究方法已经相对成熟，为我们的研究提供了可借鉴的理论基础和方法论指导。同时，关于短视频的社会影响，特别是其在国家形象塑造和传播中的作用，社会各界普遍关注，这无疑为我们的研究提供了广泛的社会背景和深厚的研究基础。

从数据的可获取性来看，短视频平台用户数量庞大，活跃度高，每天产生的数据量巨大，这为我们进行实证研究提供了丰富的数据源。同时，许多短视频平台也

提供了数据接口，使我们能够较为容易地获取所需的数据，如用户观看、点赞、分享、评论等行为数据，以及短视频的内容、形式、风格等信息。通过对这些数据的深入分析，我们可以深入了解短视频如何塑造和传播国家形象，以及这一过程中的规律和特点。因此，"短视频对国家形象的塑造及传播"是一个可研究性很强的课题。

提问：

请将上述内容改成关于短视频可研究性的一段 200 字左右的文字。

回答：

短视频是一种新兴的媒体形式，其在塑造和传播国家形象方面的影响日益显著。作为一个具有深度和广度的研究对象，短视频的研究既具有理论上的可行性，又有实际操作上的便捷性。一方面，短视频已经成为传播学、社会学等多学科的关注焦点，成熟的理论体系和研究方法为我们提供了丰富的参考资源。另一方面，短视频平台的用户基数庞大，活跃度高，每日产生的数据量巨大，这些数据可以为我们的实证研究提供丰富的素材。更重要的是，许多平台的开放数据接口，使我们能够方便地获取所需的信息，如观看、点赞、分享、评论等行为数据，以及短视频的内容、风格等信息。这些都为深入探索短视频如何塑造和传播国家形象提供了可行性保证。

借助 AI 依据可研究性对研究对象进行阐释的提问句型总结如下。

> 提问句型：我在申报【某级别课题】，我的课题选题为"【课题题目】"，研究对象是【研究对象】，请从研究的可行性和数据的可获取性两个方面分析这个研究对象的可研究性。将上述内容改写成一段【字数要求】的话。

三、借助 AI 依据可操作性进行阐释

研究对象的可操作性可细化为控制变量、操作方法、实验设计等方面，可针对可操作性的这几个方面对研究对象进行阐释。

提问:

我在申报 2023 年国家社会科学基金项目，我的课题选题为"短视频对国家形象的塑造及传播研究"，研究对象是短视频，请从控制变量、操作方法、实验设计等方面分析这个研究对象的可操作性。

回答:

1. 控制变量。在研究"短视频对国家形象的塑造及传播"的过程中，我们需要对多个变量进行控制，以确保研究结果的有效性。例如，我们可以选择在相同的时间段内，对相同的目标受众发布短视频，以控制发布时间和受众的影响。此外，我们还需要控制短视频的类型、长度、内容、质量等因素，以减少这些变量对研究结果的影响。

2. 操作方法。对于短视频的研究，我们可以采用多种操作方法。首先，我们可利用社交媒体平台的大数据分析工具，对短视频的观看次数、点赞数、分享数等指标进行量化分析，以评估短视频对国家形象的传播效果。其次，我们可通过观察和访谈等定性研究方法，了解受众对短视频内容的接收和理解，以评估短视频对国家形象的塑造效果。最后，我们通过制作和发布自己的短视频，来实际操作短视频的制作和发布过程，以进一步理解短视频的运作机制。

3. 实验设计。我们可设计一系列的实验，以研究短视频对国家形象的塑造和传播。例如，我们可以设计一个双盲实验，让受试者观看两个内容相同但表现形式不同(一个是长视频，另一个是短视频)的视频，然后收集他们对视频内容的理解和感受，以评估短视频在传播效果上是否优于长视频。此外，我们还可以设计一系列的 AB 测试，比如发布不同风格的短视频，比较它们的传播效果，以找出更有效的传播策略。

提问:

请将上述内容改写成一段 200 字左右的关于短视频研究对象可操作性的文字。

回答:

短视频作为研究对象，具有很高的可操作性。在研究过程中，我们可通过精准控制发布时间、受众类型以及视频的风格和质量等因素,来把控研究的各种变量。利用现有的社交媒体平台,我们能够对短视频的观看次数、点赞数等数据进行详细的量化分析,评估其对国家形象的传播效果。同时,我们也可以通过观察和访谈等定性研究方法,深入理解受众如何解读并接收这些短视频,进一步揭示其在塑造国家形象上的作用。另外,我们还可以亲自制作和发布短视频,以深入了解其运作规则和传播机制。我们还可以设计一系列实验,比如双盲实验和 AB 测试,以科学地评估短视频在塑造和传播国家形象的效果,找出最有效的传播策略。

借助 AI 依据可操作性对研究对象进行阐释的提问句型如下。

> 提问句型: 我在申报【某级别课题】,我的课题选题为"【课题题目】",研究对象是【研究对象】,请从控制变量、操作方法、实验设计等方面分析这个研究对象的可操作性。将上述内容改写成一段【字数要求】的话。

四、借助 AI 依据可靠性进行阐释

研究对象的可靠性可细化为稳定性、内部一致性、外部一致性、可重复性等方面,可针对可靠性的这几个方面对研究对象进行阐释。

提问:

我在申报 2023 年国家社会科学基金项目,我的课题选题为"短视频对国家形象的塑造及传播研究",研究对象是短视频,请从可靠性所包含的稳定性、内部一致性、外部一致性、可重复性等方面对短视频这一研究对象进行阐释。写成一段对研究对象进行阐释的文字,200 字左右。

回答:

短视频作为一种新兴而独特的媒体形态,显著地具备了可靠性。它的稳定性来自大规模且持续的内容产出,即使随着时间的推移,其流行趋势和风格可能发生改

变，也无法改变其具有视觉主导、时间短、高度互动等基本特性的媒体样态。在内部一致性上，用户行为数据如观看次数、点赞量、分享量等，能够为我们提供一致而可信的信息源。外部一致性则体现在短视频与其他社交媒体平台的互动，当短视频被其他平台分享和传播，会引发更多的互动，为我们证实短视频的影响力提供了更为丰富、翔实的资料。另外，短视频平台的公开性和数据易于获取的特性，使我们可以随时对已发布的短视频进行研究，保证了研究的可重复性，从而提高了研究的可靠性。

借助 AI 依据可靠性对研究对象进行阐释的提问句型总结如下。

> 提问句型：我在申报【某级别课题】，我的课题选题为"【课题题目】"，研究对象是【研究对象】，请从可靠性所包含的稳定性、内部一致性、外部一致性、可重复性等方面对【研究对象】这一研究对象进行阐释。将上述内容改写成一段【字数要求】的话。

五、借助 AI 依据有效性进行阐释

研究对象的有效性可细化为目标明确性、解决问题、预测准确性、实际应用等方面，可针对有效性的这几个方面对研究对象进行阐释。

提问：

我在申报 2023 年国家社会科学基金项目，我的课题选题为"短视频对国家形象的塑造及传播研究"，研究对象是短视频，请从有效性所具有的目标明确性、解决问题、预测准确性、实际应用等方面对短视频这一研究对象做阐释。写成一段对研究对象进行阐释的文字，200 字左右。

回答：

短视频在国家形象塑造和传播研究中的效用卓越而显著。研究的目标鲜明，针

对不同受众，我们可以通过深入剖析多元化的短视频内容和风格，探索其对国家形象的精确影响。此外，短视频研究有力地解决了如何提升形象传播效果，如何精准塑造国家形象的实际问题。短视频研究还有助于我们预测未来的传播趋势，从而为国家形象的塑造提供有力的策略支持。最重要的是，这样的研究成果具备极高的实用价值，能够指引政府和相关机构更有效地运用短视频进行国家形象塑造和传播，也能为短视频创作者提供实质性的创作指导。因此，"短视频对国家形象的塑造及传播研究"的有效性是无可置疑的。

借助AI依据有效性对研究对象进行阐释的提问句型如下。

提问句型：我在申报【某级别课题】，我的课题选题为"【课题题目】"，研究对象是【研究对象】，请从有效性所具有的目标明确性、解决问题、预测准确性、实际应用等方面对【研究对象】这一研究对象做阐释。将上述内容改写成一段【字数要求】的话。

六、综合"投喂"

下面将从五个特性对研究对象进行阐释的内容输入AI，让它生成一段完整的关于研究对象的阐释性话语。

提问：

关于短视频有以下几个方面的阐释。

###

短视频作为一种新媒体，已普遍被认为是公众获取信息的重要途径。它独特的视觉表达力和强大的传播能力，对塑造和传播国家形象产生了深远影响。对短视频在塑造和传播国家形象方面的研究，不仅可以拓宽传播学、国际关系等领域的研究视角，丰富相关的理论体系，也可以为政府、企业和非政府组织等各类主体提供科学的策略建议，助力他们更有效地利用短视频传播国家形象，提升传播效果。同时，这样的研究也有助于引导公众理性看待短视频中的国家形象，提高他们的媒介素养。

总的来说，短视频在塑造和传播国家形象的过程中扮演着不容忽视的角色，深入研究其影响力和作用，对理论和实践都有重要价值。

短视频是一种新兴的媒体形式，其在塑造和传播国家形象方面的影响日益显著。作为一个具有深度和广度的研究对象，短视频的研究既具有理论上的可行性，又有实际操作上的便捷性。一方面，短视频已经成为传播学、社会学等多学科的关注焦点，成熟的理论体系和研究方法为我们提供了丰富的参考资源。另一方面，短视频平台的用户基数庞大，活跃度高，每日产生的数据量巨大，这些数据可以为我们的实证研究提供丰富的素材。更重要的是，许多平台的开放数据接口，使我们能够方便地获取所需的信息，如观看、点赞、分享、评论等行为数据，以及短视频的内容、风格等信息。这些都为深入探索短视频如何塑造和传播国家形象提供了可行性保证。

短视频作为研究对象，具有很高的可操作性。在研究过程中，我们可通过精准控制发布时间、受众类型以及视频的风格和质量等因素，来把控研究的各种变量。利用现有的社交媒体平台，我们能够对短视频的观看次数、点赞数等数据进行详细的量化分析，评估其对国家形象的传播效果。同时，我们也可以通过观察和访谈等定性研究方法，深入理解受众如何解读并接收这些短视频，进一步揭示其在塑造国家形象上的作用。另外，我们还可以亲自制作和发布短视频，以深入了解其运作规则和传播机制。我们还可以设计一系列实验，比如双盲实验和 AB 测试，以科学地评估短视频在塑造和传播国家形象的效果，找出最有效的传播策略。

短视频作为一种新兴而独特的媒体形态，显著地具备了可靠性。它的稳定性来自大规模且持续的内容产出，即使随着时间的推移，其流行趋势和风格可能发生改变，也无法改变其具有视觉主导、时间短、高度互动等基本特性的媒体样态。在内部一致性上，用户行为数据如观看次数、点赞量、分享量等，能够为我们提供一致而可信的信息源。外部一致性则体现在短视频与其他社交媒体平台的互动，当短视频被其他平台分享和传播，会引发更多的互动，为我们证实短视频的影响力提供了更为丰富、翔实的资料。另外，短视频平台的公开性和数据易于获取的特性，使我们可以随时对已发布的短视频进行研究，保证了研究的可重复性，从而提高了研究的可靠性。

短视频在国家形象塑造和传播研究中的效用卓越而显著。研究的目标鲜明，针对不同受众，我们可以通过深入剖析多元化的短视频内容和风格，探索其对国家形象的精确影响。此外，短视频研究有力地解决了如何提升形象传播效果，如何精准塑造国家形象的实际问题。短视频研究还有助于我们预测未来的传播趋势，从而为国家形象的塑造提供有力的策略支持。最重要的是，这样的研究成果具备极高的实用价值，能够指引政府和相关机构更有效地运用短视频进行国家形象塑造和传播，也能为短视频创作者提供实质性的创作指导。因此，"短视频对国家形象的塑造及传播研究"的有效性是无可置疑的。

请将上述内容改写成一段300字左右的对短视频这一研究对象进行阐释的文字，不要分段。

回答：

短视频作为一种新媒体形态，已被广泛认为是获取信息的重要途径，它以独特的视觉表达力和强大的传播能力，对塑造和传播国家形象产生了深远影响。研究短视频在塑造和传播国家形象方面的作用，不仅能拓宽传播学和国际关系等领域的研究视角，丰富相关理论体系，还能为各类主体提供科学的策略建议。短视频平台的用户基数庞大，活跃度高，每日产生的数据量巨大，为实证研究提供了丰富的素材。而许多平台的开放数据接口，使我们能够方便地获取所需信息。在研究过程中，我们可以精准控制发布时间、受众类型以及视频的风格和质量，通过详细的量化分析，评估其对国家形象的传播效果。定性研究方法，如观察和访谈，可以帮助我们深入理解受众如何解读并接收这些短视频。自我实践、制作和发布短视频，可以让我们深入了解短视频的运作规则和传播机制。短视频的稳定性、内部一致性和外部一致性，使其成为一种可靠的研究对象。短视频在国家形象塑造和传播研究中的效用显著，能够解决提升形象传播效果、精准塑造国家形象的实际问题，并预测未来的传播趋势，为国家形象的塑造提供策略支持。这样的研究成果具备极高的实用价值，能够指引政府和相关机构更有效地运用短视频进行形象塑造和传播，也能为短视频创作者提供实质性的创作指导。

提问：

将这段文字提炼成不超过300字的文字。

回答:

短视频是新媒体的重要形式,具有独特的视觉表达和强大的传播力,深远影响着国家形象的塑造和传播。其研究可以拓宽传播学、国际关系的研究范围,丰富理论体系,为各类主体提供策略建议。短视频平台大数据为实证研究提供素材,开放数据接口方便信息获取。研究过程中,通过控制发布时间、受众类型、视频风格和质量等变量,进行量化分析,同时运用定性研究方法深入理解受众对短视频内容的多维解读。自我实践、制作和发布短视频,可以了解短视频的运作和传播机制。短视频的稳定性和内外部一致性提高了研究的可靠性。其在国家形象塑造和传播研究中的效用显著,能解决提升形象传播效果、精准塑造国家形象的问题,预测传播趋势,为国家形象塑造提供策略支持。研究成果具有实用价值,可指引政府和相关机构有效利用短视频,也可为创作者提供创作指导。

综上所述,通过对研究对象各个特性进行分别提问,再综合起来进行投喂,得到的对研究对象的阐释性内容还是很有借鉴价值的。当然,这也无法替代申请人对研究对象的学理性阐释,申请人应结合前期研究过程中查阅大量文献所获得的关于研究对象的认知来阐释研究对象,这决定着课题评审人能否快速理解并认可申请人对研究对象的认知。

08

第 8 章
AI 辅助框架
思路写作

在申请书"研究内容"部分，有一个非常重要的内容，即"框架思路"。根据申请研究课题的完成程度可以将课题划分为一般性课题和后期资助课题。一般性课题是指申请课题已有一定的前期研究基础，但是并没有对该课题的主体内容展开具体研究，在申请立项并获得相应资金资助后按照申请人在申请书中所做的规划展开研究。后期资助课题是指申请人已完成申请课题的 80% 及以上的研究，研究成果已现雏形，甚至基本完成，在这种情况下，申请人申请课题立项并获得相应经费后可进一步完善研究成果，并完成预期研究成果。通俗一点来说，一般性课题的申报要在课题正式开展研究前绘制"蓝图"，"蓝图"直接影响该课题能否成功获批立项。"框架思路"是"蓝图"的主体部分，能够让评审专家看出"蓝图"的纹理和全貌，它决定申请课题的走向，即做什么、怎么做。做什么的问题集中体现为内容框架，而怎么做的问题属于研究思路的范畴。前几年的课题申请书中，研究内容包括内容框架和研究思路两个部分，而近几年的课题申请书常将二者合并在一起，统称为"框架思路"，强调二者的融合，强调二者"你中有我，我中有你"的紧密关系。

第一节 借助 AI 初步了解课题内容框架

在借助 AI 辅助课题内容框架写作时，可以尝试直接让 AI 给出指定课题选题的内容框架。

提问：

我在申报 2023 年国家社会科学基金项目，我的课题选题为"短视频对国家形象的塑造及传播研究"，请你为我列出这个课题的内容框架。

回答：

好的，针对你的选题，该课题的主要研究内容可能包括以下方面。

1. 短视频概述。介绍短视频的定义、发展历程、应用场景和特点等基本概念，为后续研究提供理论基础。

2. 国家形象的定义与评价指标。通过文献综述、深度访谈等方式，界定国家形象的内涵和外延，并构建一套科学的评价指标，为后续研究提供定量分析的基础。

3. 短视频对国家形象的塑造作用。分析短视频在国家形象塑造中的作用，包括短视频对国家形象的呈现方式、传播效果、观众反应等方面的影响，探讨短视频在国家形象塑造中的优势和局限。

4. 国家形象传播策略。分析国家形象传播的策略和手段，以及如何借助短视频传播，包括内容策略、传播渠道、传播方式等方面，探讨如何利用短视频增强国家形象的传播效果。

5. 短视频对国家形象的影响机制。通过定量和定性的方法，深入探讨短视频对国家形象的影响机制，包括对情感传递、认知塑造、价值观传递等方面的影响机制，揭示短视频对国家形象的影响路径和影响程度。

6. 短视频对国家形象的传播效果评估。结合实证研究，通过样本调查、数据分析等方法，评估短视频对国家形象的传播效果，探讨短视频在国家形象塑造和传播中的实际应用价值。

以上是该课题的主要研究内容，希望对你的申报有所帮助。

提问：

换个思路，再回答一遍。

回答：

好的，对于你的选题"短视频对国家形象的塑造及传播研究"，以下是该课题的主要研究内容。

1. 短视频的定义、特点和发展现状，以及国家形象的内涵和评价指标。

2. 短视频对国家形象的塑造作用。探究短视频在国家形象塑造中的作用机制，分析短视频的传播特点，评估短视频在国家形象传播中的实际效果，探讨短视频在国家形象塑造中的局限性和优势。

3. 短视频对国家形象传播的策略研究。探究短视频对国家形象传播的策略和手段，分析这些策略和手段的优缺点，提出对传播策略和手段的优化建议。

4. 短视频对国家形象的传播效果评估。结合实证研究，通过样本调查、数据分析等方法，评估短视频对国家形象的传播效果，探讨短视频在国家形象塑造和传播中的实际应用价值。

5. 短视频在国际传播中的地位和作用。通过案例研究、数据分析等方法，探究短视频在国际传播中的作用和地位，对短视频在国际传播中的优势和不足进行评估，提出对短视频在国际传播中的应用建议。

以上是该课题的主要研究内容，希望对你的研究有所帮助。

提问：

再换个思路。

回答：

好的，为你再次回答选题"短视频对国家形象的塑造及传播研究"的主要研究内容。

1. 国家形象的概念和评价指标。介绍国家形象的定义、特点、构成因素，以及各类评价指标，为后续研究提供评价标准。

2. 短视频的发展与特点。回顾短视频的历史发展和现状，分析短视频媒介的特点和优势，包括传播范围、受众特征、传播方式等方面。

3. 短视频在国家形象塑造中的作用。探究短视频在国家形象塑造中的作用和机制，包括短视频在国家形象传播中的表现形式、传播效果、受众反应等多个方面。

4. 短视频对国家形象传播的策略研究。分析短视频在国家形象传播中的策略和手段，包括内容创意、传播平台、传播渠道等方面，提出切实可行的短视频对国家形象传播的策略。

5. 短视频对国家形象传播效果的评估。利用定量和定性的方法，评估和分析短视频对国家形象的传播效果，探讨短视频在国家形象传播中的优点和局限性，以及应用前景。

6. 短视频对国际传播的影响。通过比较不同国家和地区的短视频对国家形象的传播情况，探究短视频在国际传播中的作用和影响，分析短视频在国际传播中的优劣和应用前景。

以上是可能的另一种思路，希望对你有所帮助。

由 AI 的回答可以看出，这种提问方式获得的内容框架是比较粗糙的，是 AI 根据自己对申报课题的理解，基于自身的语言生成能力列出的，不是基于申请人对该课题的构想而生成的，所以往往很难令申请人满意，不过，通过不断提问和调试，申请人或许也能从中获得启发。从调试中能够看出，不同的思路会产生不同的内容框架，"怎么做"的问题会直接影响"做什么"的问题。

第二节　借助 AI 根据研究思路列出内容框架

由 AI 的回答看出，当思路不同时，课题的内容框架也不相同，所以，申请人可以将拟申报课题的研究思路"告知"AI，这样一来，AI 提供的内容框架就是基于具体的研究思路的。

对于学术研究来说，研究思路大致有哪些类型呢？研究思路会因学者解决问题的视角和具体研究内容的不同而不同，主要且常用的研究思路有以下几种。

（1）问题导向的研究思路。这种研究思路的核心是提出一个有意义的研究问题，然后通过分析数据、文献综述、实证研究等来回答这个问题，常常依照"提出问题—分析问题—解决问题"的逻辑。

（2）现象导向的研究思路。这种研究思路的核心是对某一现象进行深入的观察、描述和探究，并试图理解和解释这个现象产生的原因和运行的机制。

（3）理论导向的研究思路。这种研究思路的核心是基于某个理论或假设，通过收集数据和分析来测试这个理论或假设的可行性和正确性。

（4）实践导向的研究思路。这种研究思路的核心是基于实践与应用题进行研究，试图找到解决问题的方法和方案。

（5）比较研究思路。这种研究思路的核心是对两个或多个现象、文化、社会制度等对象进行比较，从而发现其共同点和不同点，并深入研究这些共同点和不同点。

（6）历史研究思路。这种研究思路的核心是通过研究历史事件、文化等，来了解某种现象或制度的发展历程和演变过程。

（7）实证研究思路。这种研究思路的核心是基于数据，利用统计分析等方法，通过对现实世界的观察和实证研究，验证某种假设或理论的可靠性和准确性。

（8）诠释研究思路。这种研究思路的核心是通过对某种文本、符号等进行诠释和解读，了解某种社会文化现象的内涵和意义。

（9）建构主义研究思路。这种研究思路的核心是基于建构主义理论，通过对社会现实的观察和研究，探索其建构和构建过程。

（10）参与行动研究思路。这种研究思路的核心是通过研究者的参与和行动，与被研究者进行合作，探索解决某种社会问题的方法和方案。

（11）实践－理论研究思路。这种研究思路的核心是将理论和实践相结合，通过对实践的观察和分析，以及对理论的反思和批判，探索解决实践问题的方法和途径。

（12）人类学研究思路。这种研究思路的核心是通过对不同文化、民族、社会群体等进行研究，以了解不同人类群体的生活方式、文化传统、价值观念和行为模式等。

下面将分别介绍以采用问题导向的研究思路、实践导向的研究思路和建构主义研究思路为例，介绍如何借助 AI 根据研究思路列出内容框架。

1. 采用问题导向的研究思路

提问：

我在申报 2023 年国家社会科学基金项目，我的课题选题为"短视频对国家形象的塑造及传播研究"，我想采用"提出问题—分析问题—解决问题"的研究思路进行研究，根据这个思路，请你为我列出这个课题的内容框架。

回答：

我会为你提供一个基本的研究框架，如下所示。

1. 提出研究问题

（1）研究背景及意义；

（2）研究目的与问题；

（3）研究对象及方法；

（4）国内外研究现状分析。

2. 分析问题

（1）短视频对国家形象的影响因素分析；

（2）短视频对国家形象塑造的作用分析；

（3）短视频对国家形象传播的机制分析。

3. 解决问题

（1）短视频对国家形象塑造的路径和策略；

（2）短视频对国家形象传播的方法和手段；

（3）短视频对国家形象塑造的风险和应对策略。

以上是一个基本的研究框架，你可以根据具体的研究目的和需求进行调整和拓展。希望能够帮助你顺利完成国家社会科学基金项目的申报和研究！

2. 采用实践导向的研究思路

提问：

我在申报 2023 年国家社会科学基金项目，我的课题选题为"短视频对国家形象的塑造及传播研究"，我想采用实践导向的研究思路进行研究，根据这个思路，请你为我列出这个课题的内容框架。

回答：

好的，基于实践导向的研究思路，以下是你可以考虑的研究内容框架。

1. 引言

（1）研究背景和意义；

（2）研究目的和问题；

（3）研究假设。

2. 文献综述

（1）国内外相关研究现状分析；

（2）短视频在国家形象塑造和传播方面的研究进展。

3. 研究设计

（1）研究范围和内容；

（2）研究方法和技术路线；

（3）样本选取和数据采集方式；

（4）数据处理和分析方法。

4. 短视频在国家形象塑造方面的作用分析

（1）短视频对国家形象塑造的影响机制分析；

（2）短视频在国家形象塑造中的作用分析。

5. 短视频在国家形象传播方面的作用分析

（1）短视频在国家形象传播中的传播途径和效果分析；

（2）短视频在国家形象传播中的传播策略和效果分析。

6. 实践研究

（1）根据前期研究分析的结果，结合实际情况，对短视频在国家形象塑造和传播中的应用进行实践研究；

（2）实践研究的设计、过程、结果和分析。

7. 结论和启示

（1）结论和发现；

（2）启示和建议；

（3）存在的问题和展望。

8. 参考文献

3. 采用建构主义研究思路

提问：

我在申报2023年国家社会科学基金项目，我的课题选题为"短视频对国家形象的塑造及传播研究"，我想采用建构主义研究思路进行研究，根据这个思路，请你为我列出这个课题的内容框架。

回答：

好的，以下是基于建构主义研究思路的内容框架，供你参考。

1. 引言

（1）研究背景和意义；

（2）研究目的和问题；

（3）研究框架和理论基础。

2. 文献综述

（1）国内外相关研究现状分析；

（2）建构主义在社会研究中的理论基础和研究方法。

3. 研究设计

（1）研究范围和内容；

（2）研究方法和技术路线；

（3）样本选取和数据采集方式；

（4）数据处理和分析方法。

4. 短视频在国家形象塑造方面的建构分析

（1）短视频在国家形象塑造中的建构过程分析；

（2）短视频在国家形象塑造中的符号建构分析；

（3）短视频在国家形象塑造中的意义建构分析。

5. 短视频在国家形象传播方面的建构分析

（1）短视频在国家形象传播中的建构过程分析；

（2）短视频在国家形象传播中的符号建构分析；

（3）短视频在国家形象传播中的意义建构分析。

6. 实证研究

（1）根据前期理论分析和建构主义的研究思路，选择实证研究方法，对短视频在国家形象塑造和传播中的作用进行实证研究；

（2）实证研究的设计、过程、结果和分析。

7. 结论和启示

（1）结论和发现；

（2）启示和建议；

（3）存在的问题和展望。

8. 参考文献

综上所述，我们基于某种研究思路让 AI 列出内容框架，所获得的内容框架会更有针对性。

通过提供研究思路来获得内容框架的提问句型总结如下。

提问句型：我在申报【某级别课题】，我的课题选题为【课题选题】，我想采用【研究思路类型】的研究思路进行研究，根据这个思路，请你为我列出这个课题的内容框架。

第三节　借助 AI 基于 TMAQ 模型列出内容框架

以本章第二节可以看出，当向 AI 提供具体的课题研究思路时，它生成的内容框架会相对准确一些。但如果想获得更精确的内容框架，仅向 AI 提供研究思路还不够，还需要提供课题研究使用的理论、方法、思路和拟解决的问题，即理论 - 方法 -

思路－问题（Theory-Method-Approach-Question，TMAQ）。可以将依照研究理论、研究方法、研究思路和研究问题的提问称作基于 TMAQ 模型的提问，提问句型如下。

> 提问句型：我在申报【某级别课题】，我的课题选题为【课题名称】，我采用的理论是【研究理论】，运用【研究方法】，采用【研究思路】进行研究。根据这个思路，我主要想研究【研究问题】等问题。假设你是经验丰富的课题评审专家，请你为我列出这个课题的内容框架，【提出要求】。

案例 1

提问：

我在申报 2023 年国家社会科学基金项目，我的课题选题为"短视频对国家形象的塑造及传播研究"，我采用的理论是叙事学、符号学、建构主义等相关理论，运用传播学、影视学、文化学等跨学科方法，采用问题导向的研究思路进行研究。根据这个思路，我主要想研究短视频塑造了怎样的国家形象、怎样更好地塑造国家形象、如何更好地传播塑造出的新型国家形象、传播效果如何等问题。假设你是经验丰富的课题评审专家，请你为我列出这个课题的内容框架，正文内容需要细化到三级标题。

回答：

非常好，基于你的研究思路和方法，以下是我为你规划的详细的课题内容框架。

1 引言

　1.1 研究背景

　　1.1.1 短视频的社会影响力及其在国家形象塑造中的角色

　　1.1.2 国家形象塑造及传播的重要性

　1.2 研究目的与意义

　　1.2.1 研究目的阐述

　　1.2.2 研究意义解释

　1.3 理论基础与研究方法

　　1.3.1 叙事学、符号学、建构主义理论介绍

1.3.2 传播学、影视学、文化学的研究方法应用说明

2 短视频对国家形象的塑造分析

2.1 理论层面分析

2.1.1 建构主义在国家形象塑造中的作用

2.1.2 叙事学在短视频内容构建中的应用

2.1.3 符号学在短视频元素选择中的指导作用

2.2 实证分析

2.2.1 短视频塑造国家形象的实例解析

2.2.2 数据统计与解读

3 短视频对国家形象的优化塑造策略

3.1 叙事技巧的运用

3.1.1 故事化策略的应用

3.1.2 人物塑造与情节设计的优化

3.2 符号元素的选择与运用

3.2.1 文化符号的挖掘与利用

3.2.2 视觉符号的设计与表达

3.3 建构主义理论在形象塑造中的应用

3.3.1 建构主义的视角与策略

3.3.2 实例分析与讨论

4 短视频对国家形象传播的策略

4.1 传播渠道的选择与优化

4.1.1 主流短视频平台分析

4.1.2 社交媒体与互联网的联动策略

4.2 传播内容的策划与创新

4.2.1 根据目标受众定制内容

4.2.2 创新形式与内容的结合

4.3 传播效果的评估与反馈

4.3.1 传播效果的评估指标

4.3.2 传播反馈的收集与处理

5 结论与展望

  5.1 研究总结

    5.1.1 回顾研究目的与内容

    5.1.2 总结研究结果与发现

  5.2 研究的局限性与展望

    5.2.1 研究的局限性

    5.2.2 提出未来可能的研究方向和问题

这个课题的内容框架中包含了你计划采用的理论和方法，以及你希望通过这个课题解决的问题，希望对你的研究有所帮助。

案例 2

提问：

我在申报 2023 年国家社会科学基金项目，我的课题选题为"短视频对国家形象的塑造及传播研究"，我采用的理论是符号互动理论，运用传播学、影视学、文化学等跨学科方法，采用实践导向的研究思路进行研究。根据这个思路，我主要想研究短视频塑造了怎样的国家形象、怎样更好地塑造国家形象、如何更好地传播塑造出的新型国家形象、传播效果如何等问题。假设你是经验丰富的课题评审专家，请你为我列出这个课题的内容框架，正文内容需要细化到三级标题。

回答：

很高兴为你列出这个课题的内容框架。根据你的课题选题和研究思路，以下是一个可能的内容框架，希望对你有所帮助。

1 引言

  1.1 研究背景

  1.2 研究目的与意义

  1.3 研究方法与理论框架

2 短视频对国家形象的塑造

  2.1 短视频与国家形象塑造的关系

    2.1.1 短视频的特点与优势

2.1.2 短视频在国家形象塑造中的作用

2.2 短视频中的国家形象叙事策略

2.2.1 故事叙述方式

2.2.2 符号与形象的运用

2.2.3 情感与认同感的建立

2.3 短视频对国家形象塑造的实例分析

2.3.1 成功案例分析

2.3.2 不足之处与改进方向

3 如何更好地塑造国家形象

3.1 优化短视频内容策划与制作

3.1.1 传播目标与受众分析

3.1.2 文化元素的融合与传播

3.1.3 创新表现手法与技巧

3.2 加强短视频平台的建设与运营

3.2.1 平台内容审核与推广策略

3.2.2 用户参与度与互动性提升

3.2.3 国际化与本土化的平衡

3.3 评价与改进国家形象塑造效果

3.3.1 国家形象评价体系的建立

3.3.2 短视频国家形象塑造效果监测

3.3.3 反馈与改进措施

4 如何更好地传播塑造出的新型国家形象

4.1 制定有效的传播策略

4.1.1 短视频内容分发与推广

4.1.2 跨平台与跨媒介的整合传播

4.1.3 国际传播与合作途径

4.2 传播效果评估与优化

4.2.1 传播效果指标体系的建立

4.2.2 数据监测与传播效果分析

4.2.3 传播效果提升策略

4.3 短视频传播对国家形象的影响

4.3.1 观众认知与态度变化

4.3.2 短视频传播对国际社会的影响

4.3.3 短视频传播对国家发展的长期影响

5 案例研究与启示

5.1 国内短视频对国家形象传播的案例分析

5.1.1 成功案例解析

5.1.2 经验教训与改进

5.2 国外短视频对国家形象传播的案例分析

5.2.1 成功案例解析

5.2.2 经验教训与改进

5.3 启示与借鉴

5.3.1 内容创作与传播策略

5.3.2 国家形象塑造与传播的融合

5.3.3 面向未来的国家形象传播发展

6 对策与建议

6.1 政策层面的支持与引导

6.1.1 完善短视频产业政策体系

6.1.2 政府与产业协同推进国家形象传播

6.1.3 重视国家形象传播在国家战略中的地位

6.2 行业自律与规范发展

6.2.1 强化短视频行业规范与标准

6.2.2 提升短视频行业整体素质与竞争力

6.2.3 营造良好的国家形象传播生态环境

6.3 社会各界共同参与和推动

6.3.1 鼓励民间机构与个人参与国家形象传播

6.3.2 强化多元化传播渠道与手段

6.3.3 倡导积极、正面的国家形象传播理念希望以上内容框架能帮助到你。这个框架可以根据研究内容的具体需求进行修改与调整。最后祝你申报国家社会科学基金项目顺利！

案例 3

提问：

我在申报课题，我的课题选题为"短视频对国家形象的塑造及传播研究"，我采用的理论是媒介生态学，运用扎根理论和实证研究方法，采用问题导向的研究思路进行研究。根据这个思路，我主要想研究短视频塑造了怎样的国家形象、怎样更好地塑造国家形象、如何更好地传播塑造出的新型国家形象、传播效果如何等问题。假设你是经验丰富的课题评审专家，请你为我列出这个课题的内容框架，不需要绪论或引言或导论或前言部分，不需要结论或结语或总结部分，不需要参考文献等部分，正文内容需要细化到三级标题。

回答：

1 短视频对国家形象的塑造

1.1 短视频的特点及其对国家形象塑造的影响

1.1.1 短视频的概念、特点和类型

1.1.2 短视频在国家形象塑造中的作用

1.2 国家形象的概念和构成

1.2.1 国家形象的定义和内涵

1.2.2 国家形象的构成要素

1.3 短视频塑造国家形象的方式与策略

1.3.1 内容策略

1.3.2 表现形式与技巧

2 优化短视频对国家形象塑造的方法

2.1 基于媒介生态学理论的分析

2.1.1 媒介生态学理论概述

2.1.2 媒介生态学在短视频对国家形象塑造中的应用

2.2 提高短视频对国家形象塑造的质量与效果

2.2.1 创作原创、高质量内容

2.2.2 注重视觉与声音的艺术表现

2.2.3 创新传播手段与渠道

3 短视频对国家形象传播的策略与效果评估

3.1 短视频传播策略

3.1.1 制定传播目标与策略

3.1.2 善用社交媒体平台进行推广

3.1.3 利用大数据与算法优化传播效果

3.2 国家形象传播效果的评估方法

3.2.1 传播覆盖度与影响力分析

3.2.2 受众反馈与互动分析

3.2.3 国家形象传播效果的长期影响分析

4 案例分析

4.1 国内短视频塑造国家形象的案例分析

4.1.1 案例背景与简介

4.1.2 案例分析与启示

4.2 国外短视频塑造国家形象的实例分析

4.2.1 案例背景与简介

4.2.2 案例分析与启示

案例 3 和案例 1 和案例 2 相比提问时的要求更细，选择的研究理论、研究方法更好，而且要求 AI 删除了引言、结论、参考文献等部分，因为申请书虽要求写出框架思路，且要求列出研究提纲或目录，但最好不要列成学位论文目录或图书目录的形式，仅将主要内容的提纲或目录列出即可。

另外，框架思路部分还有一种写法，即不按各级标题的形式列出具体的提纲或目录，而是用文字描述的形式将主要研究内容逐一表述出来，清晰表达出每部分要做什么、用什么方法来做。

案例 4

提问:

我在申报 2023 年国家社会科学基金项目,我的课题选题为"短视频对国家形象的塑造及传播研究",我采用的理论是建构主义等相关理论,运用大数据技术,采用问题导向的研究思路进行研究。根据这个思路,我主要想研究短视频塑造了怎样的国家形象、怎样更好地塑造国家形象、如何更好地传播塑造出的新型国家形象、传播效果如何等问题,请你帮我写出这个课题的主要研究内容,要求采用描述的形式,不要列出框架目录,采用"该课题主要从以下几个方面展开研究。第一,第二……"的形式,要求包括四到六条主要研究内容,总字数在 600 字左右。

回答:

该课题主要从以下几个方面展开研究。

第一,短视频如何塑造国家形象。这个部分的研究将主要聚焦短视频的内容和表现形式如何影响观众对国家形象的认知。我们将通过大数据技术对短视频中的主题、语言、图像和音乐等元素进行分析,探讨它们如何共同作用,塑造出一种特定的国家形象。同时,我们还会关注这些影响因素在不同文化和社会环境下的效果,以揭示短视频在塑造国家形象中的普遍规律和特殊性。

第二,如何更好地利用短视频塑造国家形象。基于上述短视频对塑造国家形象机制的理解,我们将探讨如何更有效地利用这个媒介来塑造积极、全面的国家形象。这部分研究将包括如何选择和设计短视频的内容和表现形式,以及如何结合不同的情境和观众群体,实现最佳的形象塑造效果。

第三,如何更好地传播塑造出的新型国家形象。这部分研究将关注短视频的传播策略和机制。我们将分析短视频的传播路径、传播速度、传播范围和传播效果,探讨如何通过短视频更有效地传播国家形象,包括如何选择合适的传播渠道,如何设计传播策略,以及如何处理可能的传播障碍等。

第四,对传播效果的评估。采用定量和定性研究方法,对短视频传播国家形象的效果进行系统的评估,包括短视频对国家形象的知觉变化,观众对短视频传播的接受程度,以及短视频对国家形象的长期影响等方面。

第五,对未来研究的展望。在这部分,我们将基于以上研究结果,对短视频在国家形象塑造和传播中的未来应用进行预测和建议，包括如何提高短视频中国家形象的塑造和传播效果、如何应对短视频技术和传播环境的变化，以及如何处理可能的伦理和社会问题等。这部分的研究将有助于我们更好地利用短视频为国家形象的塑造和传播服务，同时也为相关的政策制定和实践提供科学依据。

第六，对研究方法和技术的探索。在这部分，我们将探讨和发展适用于短视频传播国家形象的新方法和技术，包括如何利用大数据技术准确地分析短视频中的内容、如何使用深度学习技术识别和理解短视频中的隐含信息，以及如何通过虚拟现实和增强现实等新技术提高短视频的观赏体验和传播效果。这部分的研究将有助于充分利用新技术的潜力，提高短视频对国家形象塑造的科学性和实用性。

总的来说，这个课题将从多个角度全面研究短视频在国家形象塑造和传播中的作用，同时也将积极探索和应用新的研究方法和技术。我们期待这个研究能够对理论和实践都有重要的贡献，为我们更好地理解和利用短视频这一强大的传播工具提供新的视角和思路。

由此可见，采用基于 TMAQ 模型的提问方式能够得到较有价值的课题内容框架，但也需要申请人为 AI 输入较为精确的研究理论和研究方法。对于学术能力较弱或对拟申报课题的内容尚未形成清晰认知的申请人来说，这种提问方式还能帮到申请人吗？答案是肯定的，我们可以依据 TMAQ 模型让 AI 直接为申请人推荐与拟申报课题选题相匹配的研究理论和研究方法，再给出某一种研究思路下的课题内容框架。

案例 5

提问：

###

【TMAQ（Theory-Method-Approach-Question）是理论 - 方法 - 思路 - 问题的模型。理论指的是使用的理论；方法指的是使用的研究方法；思路指的是研究思路，分为问题导向的研究思路、现象导向的研究思路、理论导向的研究思路、实践导向的研究思路、实证研究思路、建构主义研究思路等；问题指的是研究问题，可利用"研究 gap 确定法"来确定研究问题。"研究 gap 确定法"指的是提出的研究问题中需要有明确的 gap。gap 指的是已有研究中所呈现的针对某个研究对象解释的不足之处，呈现出一种预期与实际的差距，这种差距有三种类型：第一种是理论与现实的差距；第二种是政策与实践的差距；第三种是与原有研究对比中所呈现出的不同之处。

研究问题可以有以下四种具体类型。What 型问题：关注现象或者事件的描述和定义，如"某个社区中有多少人口""各年龄段学生在教育资源上存在哪些差异"等。这种类型的问题强调对事物的观察、度量和描述。How 型问题：关注过程或方法的描述和分析，如"用什么方式可以加速某个化学反应""如何提高员工对工作的投入度和满意度"等。这种类型的问题需要着重考虑操作性和实践性。Why 型问题：主要关注推断和解释，如"为何一些客户更喜欢购买品牌产品""为何某个国家的诗歌创作在 19 世纪后期出现了显著变化"等。这种类型的问题需要建立理论框架或假设，并进行实证研究以验证结论。Should 型问题：主要关注价值取向和政策决策，如"应该在城市中设置更多的公园吗""是否应该采用新的课程教学方法"等。这种类型的问题需要将研究成果应用于实践，以达到改进社会和环境的目的。

我在申报课题，我的课题选题为"短视频对国家形象的塑造及传播研究"，假设你是经验丰富的课题评审专家，请为该选题匹配最合适的研究理论，在此基础上根据 TMAQ 模型，依据选择的研究思路，帮我写出这个课题的主要研究内容，要求采用描述的形式，不要列出框架目录，采用"该课题主要从以下几个方面展开研究。第一，第二……"的形式，包括四到六条主要研究内容。选择与该课题选题最契合的研究思路，研究问题需要与选定的研究思路相契合，写出不同的内容框架。在开始回答时采用"采用的研究理论是，采用的研究思路是，拟解决哪种类型的问题，结合这种研究思路和与之相对应的研究问题为你列出内容框架"的形式。

回答：

采用的研究理论是"社会建构理论"，采用的研究思路是"建构主义研究思路"，拟解决的是 How 型和 Why 型问题。结合这种研究思路和与之对应的研究问题，我为你列出以下内容框架。

该课题主要从以下几个方面展开研究。

第一，研究短视频作为一种新兴媒介，如何在国家形象的构建和传播中发挥作用。通过深入理解和分析短视频中的符号、语言和叙事方式，探讨其如何塑造和传播特定的国家形象。

第二，对短视频平台的操作机制进行研究，尤其是其如何通过算法和用户偏好影响信息的传播，从而塑造特定的国家形象。

第三，理解受众如何解读并接受短视频中的国家形象信息。这部分研究将通过问卷调查和访谈等方法，收集和分析观众对短视频中国家形象的理解和感知。

第四，研究短视频的社会文化影响，以及这种影响如何反过来塑造国家形象。这将涉及对社会文化背景、价值观、群体意识等因素的深入分析。

第五，分析和评估短视频在塑造和传播国家形象中的效率和效果。这部分研究将依据实证数据，探索短视频与传统媒介在国家形象塑造和传播中的差异。

第六，根据研究发现提出针对短视频在国家形象塑造和传播中的挑战和问题的解决方案，以优化短视频对国家形象的塑造和传播。

以上研究将基于社会建构理论，认为短视频对国家形象的塑造和传播是一个社会建构过程，不仅由媒介和创作者的意图决定，也受观众理解和社会文化环境的影响。

从上面的回答来看，让 AI 为用户匹配研究理论、研究方法、研究思路、研究内容等，的确能为申请人提供一些参考，尤其对那些学术研究能力较弱或课题申请经验较少且还没有想明白拟研究内容的申请人来说，AI 的回答能够帮助他们对拟申报课题有一个初步的认识。当申请人找到了合适的理论、方法和问题后，再借助 TMAQ 模型提问，AI 回答的启发性会优于当前。

09

第 9 章

AI 辅助重点
难点写作

研究重点通常是指研究的核心问题、重要内容、重点方向和理论创新点，是整个研究的关键所在，是研究者需要投入最多时间、精力和资源去解决的问题。研究重点是研究者想要解决的主要问题，也是研究者在论文、报告或其他研究成果中需要突出重点、详细论述的内容。

研究难点是指在整个研究过程中遇到的困难和挑战，涉及理论、实证研究、方法论等多个方面。研究难点可能包括理论上的难题、数据采集和处理的难点、实验过程中的技术难题、文献研究的问题等。研究难点需要研究者花费较多的时间和精力去解决，有时也需要通过跨学科、多学科的合作来解决。研究难点的攻克可以促进研究的开展，提升研究质量。

一般而言，研究重点和研究难点要分开表述，重点是重点，难点是难点；但有时研究重点和研究难点有重合部分，例如，研究重点的某个方面同时也是研究难点，或研究难点的某个方面同时也是构成这个课题研究重点的重要部分。如果研究者将研究重点直接等同于研究难点，认为二者就是一回事，那是不妥当的，有可能是因为没有真正弄清楚拟申报课题的研究重点，以及在研究过程中需要着重攻克的研究难点。

第一节　借助 AI 整体性提炼研究重点和难点

针对研究重点和研究难点要分开表述这一撰写习惯，我们需要对课题的研究重点和研究难点分别提问。

首先，对研究重点进行整体性提问。

提问：

我在申报 2023 年国家社会科学基金项目，我的课题选题为"短视频对国家形象的塑造及传播研究"，作为课题申报指导专家，你认为这个选题的研究重点有哪些？

回答：

作为课题申报指导专家，我认为你选题的研究重点可能包括以下几个方面。

1. 短视频对国家形象的塑造方式。短视频作为一种新兴媒体形式，已经在社会各个领域得到了广泛的应用，特别是在塑造国家形象方面具有一定的优势。因此，你可以从短视频的视觉语言、创意、形式等方面入手，深入探究短视频如何对国家形象进行塑造。

2. 短视频对国家形象传播的影响。短视频的传播速度快、覆盖范围广，能够在短时间内产生广泛的影响。因此，你可以从短视频的传播途径、传播效果、传播策略等方面入手，探究短视频如何对国家形象的传播产生影响。

3. 国家形象的塑造与传播策略。国家形象是一个综合性的概念，包含政治、文化、经济等多方面的内容。因此，你可以从多个角度出发，探究如何通过短视频来塑造更加真实、全面、立体的国家形象，以及如何制定更加有效的传播策略来推广国家形象。

综上所述，短视频对国家形象的塑造及传播是一个具有学术价值和现实意义的研究方向，你可以从多个方面入手，深入探究短视频在国家形象方面的作用与影响。

提问：

换个角度，再回答一遍。

回答：

作为课题申报指导专家，我认为"短视频对国家形象的塑造及传播研究"这个选题的研究重点包括以下几个方面。

1. 短视频塑造国家形象的机理与特点。研究短视频如何通过视觉、音乐、文字、演员等元素塑造国家形象，深入分析短视频塑造国家形象的机理与特点，为后续研究提供理论基础和方法支持。

2. 短视频塑造国家形象的实践案例研究。通过深入研究利用短视频塑造国家形象的成功案例，探讨短视频塑造国家形象的方法、手段和策略。

3. 短视频国际传播研究。分析短视频在国际传播中的作用和影响，研究不同国家在短视频传播上的策略和差异，从跨国视角探讨短视频在国际传播中的挑战和机遇。

4. 短视频对国家形象传播效果的评估研究。通过实证研究和调查问卷等方法，分析短视频对国家形象传播效果的影响因素和评估指标，建立科学的评估模型，为国家形象塑造和传播提供科学依据和指导意见。

可以从不同角度对以上重点进行深入探究，为短视频对国家形象的塑造和传播提供理论指导和实践支持。

一般来说，课题申请书是有字数或页码要求的，所以，研究重点和研究难点都不应写得太多，要凝练、言简意赅。

提问：

将上述内容精简，字数在 300 字左右。

回答：

作为申报指导专家，我认为该选题的研究重点主要包括：一是探究短视频对国家形象的塑造机制，研究符号互动理论在短视频塑造国家形象中的适用性，分析短视频中符号的选择、组合、演绎等塑造手段；二是研究短视频如何更好地塑造国家形象，深入挖掘不同类型的短视频在塑造国家形象方面的优缺点，探索不同传播平台和传播方式对塑造国家形象的影响，提出更有效的短视频塑造国家形象的策略；三是探讨如何更好地传播塑造出新型国家形象，研究短视频在传播新型国家形象方面的传播效果，探索传播过程中的关键因素和影响机制，提出更有效的传播策略和路径。这些研究重点将有助于深入探究短视频对国家形象的塑造及传播，为国家形象塑造和传播提供理论支撑和实践指导。

要注意的是，研究重点不宜写得过多，一般两三点即可。

其次，对研究难点进行整体性提问。

提问：

我在申报 2023 年国家社会科学基金项目，我的课题选题为"短视频对国家形象的塑造及传播研究"，作为课题申报指导专家，你认为这个选题的研究难点有哪些？

回答：

"短视频对国家形象的塑造及传播研究"这个课题确实具有一些潜在的研究难点。以下是我认为可能会遇到的一些挑战。

1. 数据获取与处理。短视频数量庞大，内容丰富多样，有效获取并筛选出与国家形象相关的短视频可能需要大量的时间和精力。同时数据的处理和分析，包括视频内容的编码、符号的解读、观众反馈的分析等也需要使用专业的方法和技术。

2. 符号的解读和分析。短视频中的符号可能非常丰富且含义复杂，对其进行准确的解读和分析是一个挑战。理解和揭示这些符号如何塑造和传播国家形象，需要深厚的文化背景知识和敏锐的洞察力。

3. 观众反馈的捕捉与理解。观众反馈是评价短视频对国家形象塑造和传播效果的重要依据。然而，观众的反馈可能分散在多个平台，形式多样，获取和理解这些反馈信息可能面临诸多困难。

4. 传播效果的评估。短视频对国家形象的塑造和传播效果可能受许多因素的影响，如观众的文化背景、社会环境、个人心理等。因此，评估传播效果并确定短视频的具体影响可能面临很大的挑战。

5.跨学科研究。这个课题涉及传播学、影视学、文化学等多个学科领域，需要对各学科的理论和方法有深入的理解和熟练的运用，这对研究者的综合素质和能力提出了较高的要求。

面对这些难点，你需要精心设计研究方案，寻找合适的方法和技术，如采用大数据分析、深度访谈、案例研究等方法，以确保研究能顺利进行，研究结果更准确。

提问：

换个角度再回答一遍。

回答：

研究课题"短视频对国家形象的塑造及传播研究"在实施过程中可能遇到以下难点。

1.短视频内容的多样性。短视频内容极其丰富和多元，可能涉及各种各样的主题和风格。因此，确定哪些短视频具有塑造国家形象的潜力和能力，这可能成为一个大问题。

2.控制变量的复杂性。理解和衡量一段短视频如何影响国家形象可能非常复杂，因为这可能受很多因素的影响，比如观众的个人背景、社会文化环境、当前的政治氛围等。为了尽可能精确量化影响，你需要对这些变量进行有效控制。

3.定性和定量研究的结合。理论上，你需要同时运用定性和定量的方法来研究短视频的内容和内容的接收者。这可能需要一种混合的研究设计，执行和分析可能有些复杂。

4.获取和处理大量数据。由于短视频的数量非常庞大，获取和处理相关数据可能成为一大挑战，可能需要具备一定的编程能力和大数据处理技能。

5.测量国家形象的复杂性。国家形象是一个非常抽象和复杂的概念，可能涉及多个维度，如政治、经济、文化、历史等。因此，开发或找到一个可靠和有效的测量国家形象的工具也会是一个难题。

6.伦理问题。在处理观众数据时，可能涉及一些伦理问题，如隐私保护、数据使用许可等。你需要确保研究符合所有相关的伦理规定和指导原则。

以上就是我认为可能存在的一些研究难点。为了解决这些问题，你需要在课题开始之前就进行充分的准备和计划，寻找一些创新的研究方法和工具，寻求多个学科研究人员的合作。

同样，研究难点也不宜写得太多，一般一二条即可。

提问：

请将上述内容精简，只写出一二条研究难点，字数在 100 字左右。

回答：

在进行"短视频对国家形象的塑造及传播研究"时，可能面临的主要研究难点为：一是短视频内容具有多元性，确定哪些内容具备塑造国家形象的能力将是一大挑战；二是获取并有效处理与国家形象相关的大规模短视频数据，包括视频内容解析和观众反馈分析，都需要大量的精力和专业技术。这涉及数据收集、处理和分析等一系列复杂的步骤。

对于研究难点而言，在阐释完之后，最好简要概述攻克难点的方法、思路或措施。

提问：

该如何有针对性地解决或克服以上难点呢？

回答：

以下是可能的有针对性解决研究难点的方案。

1. 短视频内容的多元性。建议进行深度文本分析或内容分析，明确国家形象的关键要素，以便对短视频中的这些要素进行编码。你可以设计一个短视频筛选标准或者框架，挑选出那些最有可能塑造国家形象的短视频。

2. 获取并有效处理大规模数据。你可能需要使用自动化的数据收集和分析工具，如网络爬虫等，以获取和处理大量的短视频内容。同时，可以利用人工智能和机器学习算法，如自然语言处理、情感分析等，来处理和分析视频内容和观众反馈。建议寻求与计算机科学或数据科学方面的专家合作，以借助他们的专业知识和技术来解决这个难点。

提问：

请将上述难点和针对难点的解决方案综合在一起，写成 2 条，总字数不超过 300 字。

回答：

"短视频对国家形象的塑造及传播研究"的研究难点和解决策略可以概括如下。

难点一：短视频内容具有多元性，确定具备塑造国家形象能力的短视频成为挑战。

解决策略：通过深度文本分析或内容分析明确国家形象的关键要素，设计有针对性的短视频筛选标准，挑选出那些最有可能塑造国家形象的短视频。

难点二：获取并有效处理大规模数据，涉及数据收集、处理和解析等一系列复杂的步骤。

解决策略：利用自动化数据收集和分析工具，如网络爬虫，获取和处理大量短视频内容。运用人工智能和机器学习算法，如自然语言处理、情感分析等进行视频内容和观众反馈的处理和分析。可寻求与计算机科学或数据科学方面的专家合作，借助他们的专业知识和技术。

从 AI 的回答中看出，以整体性的角度向 AI 提问，也能获得具有一定参考价值的研究重点和研究难点的表述。但因为只向它提供了课题题目，所以得到的内容比较粗略，不够精确。

第二节 借助 AI 基于 TMAQ 模型提炼研究重点和难点

撰写课题研究重点时，需要从以下几个方面进行考虑。

（1）理论框架。选择合适的理论框架对课题进行解释和理解。理论框架的选择需要考虑到课题的研究问题、目的以及所在的学科领域。

（2）研究方法。选择合适的研究方法，才能有效解答研究问题。研究方法的选择应考虑课题的实际需求和资源限制。

（3）研究问题。确定课题的研究问题，这是整个研究的核心。研究问题需要明确、具体、可行，并对学科领域有贡献。

因此，申请人依然可以使用 TMAQ 提问方法让 AI 列出课题研究重点。

提问：

我在申报 2023 年国家社会科学基金项目，我的课题选题为"短视频对国家形象的塑造及传播研究"，我采用的理论是符号互动理论，运用传播学、影视学、文化学等跨学科方法，采用实践导向的研究思路进行研究。根据这个思路，我主要想研究短视频塑造了怎样的国家形象、怎样更好地塑造国家形象、如何更好地传播塑造出的新型国家形象、传播效果如何等问题。作为课题申报指导专家，你认为这个选题的研究重点有哪些？写出两三条研究重点，用"第一，第二，第三"的形式写。

回答：

在你的课题"短视频对国家形象的塑造及传播研究"中，我认为研究重点可以集中在以下几个方面。

第一，短视频中国家形象的塑造机制。分析和理解短视频如何通过语言、符号、文化符号等方式构建和传递国家形象。这一部分需要深入挖掘短视频中呈现出的国家形象，及其如何被创作者选择和编码。

第二，短视频的传播策略对国家形象的影响。探索和分析在不同的传播平台上如何有效地传播短视频，以及这些传播策略如何影响观众对国家形象的接收和理解。同时，研究应该明确如何通过优化传播策略以达到传播效果的最大化。

第三，短视频对于国家形象塑造的影响评估。通过实证研究，量化并评估短视频传播的效果，包括观众的反馈、观看次数、分享次数等，并进一步研究这些因素如何影响观众对国家形象感知的改变，以此评估短视频对国家形象塑造的实际效果。

撰写课题研究难点时，通常需要考虑以下几个方面。

（1）研究对象的复杂性。研究对象可能包含多种因素。例如，在社会科学研究中，人类行为和社会现象通常受到多种复杂因素的影响，这可能给定量和定性研究带来困难。

（2）研究理论上的挑战。选择的研究理论可能尚处于发展阶段，或在实际应用中面临困难。

（3）数据的可获取性和质量。如果研究需要收集数据，那么数据的可获取性和质量都可能成为问题，如样本大小、数据完整性、可测量性和其他因素。

（4）实证研究的难度。如果研究包含实证部分，那么可能存在如何设计合适的实验或观察研究，如何正确解读实证结果等问题。

由此可见，撰写课题的研究难点依然绕不开研究理论、研究方法和研究问题等内容，所以申请人可以依据 TMAQ 提问模型向 AI 发问。

提问：

我在申报 2023 年国家社会科学基金项目，我的课题选题为"短视频对国家形象的塑造及传播研究"，我采用的理论是符号互动理论，运用传播学、影视学、文化学等跨学科方法，采用实践导向型研究思路进行研究。根据这个思路，我主要想研究短视频塑造了怎样的国家形象、怎样更好地塑造国家形象、如何更好地传播塑造出的新型国家形象、传播效果如何等问题。作为课题申报指导专家，你认为这个选题的研究难点有哪些？针对这些难点，有怎样的解决方案？研究难点和针对难点的解决方案综合写在一起，写出一二条。

回答：

在你的课题"短视频对国家形象的塑造及传播研究"中，存在以下难点和它们的解决方案。

难点一：确定短视频中的国家形象标识和符号。由于国家形象是一种复杂且抽象的概念，如何精确地在短视频中识别出相关的符号和标识并进行正确的解读，是一个挑战。

解决方案：透过文化学、社会学和传播学的理论框架，制定明确的标准和指南，以系统地识别和解读短视频中的国家形象符号。对一些常见和重要的符号进行详细解读和分类，为后续的实证研究提供可靠的基础。

难点二：评估短视频传播的效果及其对国家形象塑造的影响。由于观众反馈的多样性和网络环境的复杂性，如何准确评估传播效果，并确切地量化短视频对国家形象塑造的影响是一个难点。

解决方案：建立全面且科学的评估模型，包括但不限于观众反馈、观看次数、分享次数、点赞评论等数据的收集和分析。同时，进行定期的观众调查，以获取更深入的反馈信息。在分析的过程中，引入高级统计方法，如因果推断和机器学习算法，以控制混淆因素并提高分析的准确性。

以上是基于 TMAQ 模型对研究重点和研究难点分别进行提问，接下来，可以尝试将二者合并在一起进行提问。

提问：

我在申报 2023 年国家社会科学基金项目，我的课题选题为"短视频对国家形象的塑造及传播研究"，我采用的理论是媒介生态学理论，运用扎根理论和实证研究等研究方法，采用问题导向的研究思路进行研究。根据这个思路，我主要想研究短视频塑造了怎样的国家形象、怎样更好地塑造国家形象、如何更好地传播塑造出的新型国家形象、传播效果如何等问题。作为课题申报指导专家，你认为这个选题的研究重点和难点分别有哪些？请将研究重点和研究难点分别写出来，分别采用"第一，第二，第三"的形式表述。研究重点围绕研究内容进行提炼，写两三点；研究难点要和解决难点的策略一起写出来，写一两点。研究重点和研究难点两部分的总字数不超过 400 字。

回答：

研究重点：

第一，基于媒介生态学理论，分析短视频在内容、形式、叙事方式等方面是如何塑造国家形象的。这包括对大量短视频内容的详细分析，以理解它们是如何表达和塑造国家形象的。

第二，采用扎根理论，深入探究观众是如何解读和接收国家形象的。这涉及对观众的深入访谈和研究，以揭示他们的解读过程和接收效果。

第三，研究如何通过短视频更有效地塑造和传播国家形象，以提高传播效果。这需要深入理解短视频的传播机制，以及如何设计和推广可以引发观众积极反响的短视频。

研究难点：

第一，短视频数据量大，更新速度快，如何准确有效地收集和处理这些数据是一个挑战。解决策略是采用大数据分析和机器学习等技术，进行有效的数据筛选、处理和分析。

第二，观众的解读和接收受社会文化背景、观看习惯等个人因素的影响，这些主观因素复杂且难以量化。解决方案是采用混合研究方法，结合定性和定量研究，以获得关于观众如何理解和接受短视频中国家形象的一手资料。

可以将基于 TMAQ 模型对研究重点和研究难点的合并式提问句型总结如下。

> 提问句型：我在申报【某级别课题】，我的课题选题为【课题题目】，我采用的理论是【研究理论】，运用【研究方法】，采用【研究思路类型】进行研究。根据这个思路，我主要想研究【研究问题】等问题。作为课题申报指导专家，你认为这个选题的研究重点和难点分别有哪些？请将研究重点和研究难点分别写出来，分别采用"第一，第二，第三"的形式表述。研究重点围绕研究内容进行提炼，写两三点；研究难点要和解决难点的策略一起写出来，写 1 ~ 2 点。研究重点和研究难点两部分的总字数不超过 400 字。

综上所述，在 TMAQ 模型的基础上通过分 - 合式提问获得的提问句型，既能使 AI 有针对性地分别列出研究重点和研究难点，又能使 AI 在一次回答中将二者同时列出，提高了沟通效率，同时也符合研究重点和难点分别表述的撰写规范。

10

第 10 章

AI 辅助主要
目标写作

主要目标（即研究目标）是指研究者在研究过程中，通过对研究主题的分析和归纳，确定的具体研究目的和研究方向。主要目标的设定是研究者设计研究方法、选择研究内容、实施研究工作和评价研究成果的重要依据。

课题申报中的主要目标集中体现了该课题研究向什么方向努力迈进，最终要达到什么目的，解决什么问题，抵达哪个"彼岸"。主要目标是研究中的一座灯塔，时刻为课题申请人指明方向，如果目标扑朔迷离或漂泊不定，那么说明申请人的研究方向和研究目的并不明确，这样的申请书中的主要目标容易写得不清不楚、模棱两可，这样自然难以通过评审专家的评审。经验丰富的评审专家往往从寥寥数句的主要目标的表述便能判断出申请人的目标是否真正明确，以及申请人是否真正想明白、是否真正找到了研究的"靶心"。

主要目标应该与研究主题密切相关，能够解决研究问题并且对学科发展有重要的贡献。主要目标需要满足如下要求。

首先，明确性。申请人需要准确表达希望通过研究达到的具体成果，而不是使用模糊或笼统的表述。

其次，可操作性。申请人需要有明确的步骤或方法来实现主要目标。

再次，科学性，即基于科学的理论和方法。申请人应明确主要目标是如何与现有的理论和研究方法相连的。

最后，可评估性。申请人应设定一些可以衡量是否实现了其所制定的主要目标的标准。

第一节 借助 AI 依据特性思考主要目标

申请人可依据主要目标所具有的明确性、可操作性、科学性和可评估性向 AI 提问。

提问：

我在申报 2023 年国家社会科学基金项目，我的课题选题为"短视频对国家形象的塑造及传播研究"，请你为我写出具有明确性、可操作性、科学性和可评估性的主要目标。

回答：

在申报 2023 年国家社会科学基金项目的课题"短视频对国家形象的塑造及传播研究"中，我们设定以下具有明确性、可操作性、科学性和可评估性的主要目标。

1. 明确短视频的形式和类型。主要目标是建立一套短视频分类体系，明确其风格、内容和传播方式等特性，以便于进一步探索短视频对国家形象塑造的具体影响。

2. 深入理解短视频对国家形象塑造的机制和效果。通过定性和定量研究方法，深入探究短视频如何影响、塑造和传播国家形象，揭示其中的过程和规律。

3. 评估和优化短视频的国家形象传播策略。评估当前使用的短视频传播策略的效果，提出并测试优化策略，以提升短视频在国家形象塑造和传播中的有效性。

4. 建立短视频国家形象传播的效果评估模型。通过收集和分析数据，建立一种能够衡量和预测短视频对国家形象塑造效果的评估模型，提供科学、可操作的评估工具。

这四个主要目标既体现了明确性和可操作性，也具备科学性和可评估性。通过实现这些目标，我们可以更全面、深入地理解和优化短视频在国家形象塑造和传播中的应用，为相关政策的制定和实践操作提供有力的理论支持和实证指导。

主要目标的撰写应简洁，能说到点上，抓主要矛盾，聚焦核心问题，做到"短平快"和"稳准狠"。主要目标无须罗列太多，2～3 条即可。

提问:

我在申报 2023 年国家社会科学基金项目,我的课题选题为"短视频对国家形象的塑造及传播研究",请你为我写出具有明确性、可操作性、科学性和可评估性的主要目标,写 2～3 条。

回答:

基于你的课题,我给出以下具有明确性、可操作性、科学性和可评估性的主要目标。

主要目标 1:揭示短视频中国家形象的表现手法和传播模式。具体来说,通过对 500 个具有代表性的短视频进行内容分析,系统了解和分析短视频中塑造国家形象的符号、元素和叙述方式,从而建立短视频国家形象表现的编码体系。通过媒介生态学理论引导分析,解读短视频在媒体生态中如何塑造和传播国家形象。这一目标的实现可以通过编码体系的完成和媒介生态分析模型的构建来评估。

主要目标 2:评估短视频对国家形象的塑造效果及其影响力。设计并实施一项范围广泛的观众调查,以量化和比较观众对由短视频塑造的不同国家形象的接收程度和反馈。这个目标的科学性在于它将使用实证研究方法进行定量分析,并用扎根理论进行定性分析,从观众反应中寻找新的理论和模式。评估的标准可以是收集的有效调查,以及对数据进行分析后得出的具有启发性的新理论或模型。

主要目标 3:提出基于实证研究结果的策略建议,以更有效地利用短视频塑造和传播积极的国家形象。这个目标将依据前两个目标的结果,并进一步考察这些发现如何转化为实际的媒体制作和传播策略。

提问:

将上述内容压缩到 300 字以内。

回答:

对于课题"短视频对国家形象的塑造及传播研究",具有明确性、可操作性、科学性和可评估性的主要目标如下。

目标 1:深度探究短视频塑造国家形象的角色。通过分析代表性的短视频,明确短视频是如何构建国家形象的。

目标 2：分析观众对短视频国家形象的接受程度。通过问卷调查和访谈，收集观众反馈，理解其对短视频中国家形象的解读。

目标 3：根据研究结果，提出并验证有效的短视频制作和传播策略，以更好地塑造和传播国家形象。

该回答有一定的启发性，但还不够精确，原因是申请人给 AI 提供的信息较少。

第二节　借助 AI 基于 TMAQ 模型思考主要目标

一般来说，课题的主要目标与申请人所使用的理论、采用的研究方法、力求解决的问题有着密切的关联，与研究思路也有着千丝万缕的联系，主要目标是在这些要素的基础上建立起来的，所以，申请人可以尝试借助 TMAQ 模型让 AI 列出更明确、更合理的主要目标。

提问：

我在申报 2023 年国家社会科学基金项目，我的课题选题为"短视频对国家形象的塑造及传播研究"，我采用的理论是媒介生态学理论，运用扎根理论和实证研究等研究方法，采用问题导向的研究思路进行研究。根据这个思路，我主要想研究短视频塑造了怎样的国家形象、怎样更好地塑造国家形象、如何更好地传播塑造出的新型国家形象、传播效果如何等问题。作为课题申报指导专家，请你针对主要目标应该具有明确性、可操作性、科学性和可评估性这一要求，为该课题列出切实可行的主要目标，写 2 ～ 3 条，总字数不超过 300 字。

回答：

针对课题"短视频对国家形象的塑造及传播研究"，可设定以下切实可行的主要目标。

1. 揭示短视频在国家形象塑造过程中的作用机制。通过对短视频中视觉元素、叙事方式、情感表达等方面的深入分析，阐述短视频如何影响和塑造国家形象，进而为塑造国家形象提供理论依据和实践指导。

2. 提出有效的短视频国家形象塑造策略。分析并总结当前短视频塑造国家形象的成功案例与不足之处，探讨如何运用创新的内容策略、表现形式和技巧，以提高短视频塑造国家形象的有效性和吸引力。

3. 设计并评估短视频国家形象传播策略。研究如何利用短视频更好地传播国家形象，分析影响短视频国家形象传播效果的关键因素，制定相应的传播策略，并通过实证研究评估这些策略在不同国家、地区和文化背景下的实际效果。

从以上问答中可以看出，基于 TMAQ 模型得出的主要目标相对精确一些，这会给申请人较大的启发。基于 TMAQ 模型提炼课题主要目标的提问句型如下。

提问句型：我采用的理论是【研究理论】，运用【研究方法】，采用【研究思路】进行研究。根据这个思路，我主要想研究【研究问题】等问题。作为课题申报指导专家，请你针对主要目标应该具有明确性、可操作性、科学性和可评估性这一要求，为该课题列出切实可行的主要目标，写 2 ~ 3 条，总字数不超过 300 字。

第三节　借助 AI 通过学习型提问思考主要目标

在课题申报过程中，多与同行交流，多向有课题立项经验的老师学习，多向有经验的专家请教，是非常重要的。在这个过程中，他们或许会拿出自己曾获立项的申请书供你学习，这可以让你少走很多弯路。在获得一些有参考价值的、写得比较好的范本之后，申请人可借助 AI 更好地分析这些范本，在此基础上，申请人还可让 AI 学会依据范本列出拟申报课题的主要目标。

提问：

针对课题选题"护理本科生专业认同感形成的机制研究"，课题负责人提出以下主要目标：（1）明确护理专业认同感的形成过程、结构框架、内涵以及影响因素；（2）开发护理本科生专业认同感量表，使专业认同感客观化；（3）揭示护理专业认同感形成的机制，建立护理专业认同感常模。假如你是课题评审专家，请分析上述主要目标写得怎么样。

回答：

从评审的角度看，这个课题的主要目标既具有明确性、可操作性，也具有科学性和可评估性。以下是具体的分析。

明确护理专业认同感的形成过程、结构框架、内涵以及影响因素。这个目标的形式清晰明确，指出了研究的主要方向。通过文献综述和理论构建，可明确形成过程、结构框架和内涵；通过定性或定量研究，可以发现影响因素。

开发护理本科生专业认同感量表，使专业认同感客观化。这是一个具有可操作性的目标，通过标准的量表开发程序（包括项目生成、专家审查、预试、因子分析、信效度检验等）来实现。

揭示护理专业认同感形成的机制，建立护理专业认同感常模。这个目标具有科学性，强调了通过定量研究，建立理论模型，从而揭示护理专业认同感的形成机制。建立常模是一个可评估的目标，可以通过统计分析方法（如描述统计、分位数等）来实现。

总体来说，这些目标构建了明确的研究路径，使得整个研究有明确的导向和可评估的结果。因此，从评审的角度来看，这个课题的主要目标写得很好。

提问:

学习上述主要目标的写法, 请为课题"短视频对国家形象的塑造及传播研究"写出切实可行的主要目标。该课题采用的理论是媒介生态学理论, 运用扎根理论和实证研究等研究方法, 采用问题导向的研究思路进行研究。根据这个思路, 我主要想研究短视频塑造了怎样的国家形象、怎样更好地塑造国家形象、如何更好地传播塑造出的新型国家形象、传播效果如何等问题。

回答:

根据你描述的课题内容, 我们可以为这个课题设定如下切实可行的主要目标。

1. 明确短视频如何塑造国家形象, 以及这种形象的特点和内涵。首先, 你需要理解短视频如何塑造国家形象, 包括分析短视频的结构和语言, 以及它们如何产生意义和引发情感反应。此外, 你还需要探讨这种形象的特征, 包括其视觉、象征和叙事元素, 以及这些元素如何共同构成了国家形象的内涵。

2. 开发一个评估短视频对国家形象塑造效果的量化工具或指标。这是实证研究的关键部分, 需要设计一个有效的工具或指标来度量短视频对国家形象的塑造效果。这可能涉及对目标受众的调查或实验, 以评估他们对短视频所塑造的国家形象的感知和接受程度。

3. 探究如何有效地通过短视频传播国家形象, 并评估传播效果。这个目标关注的是策略和效果。你需要研究如何优化短视频的内容和形式, 以更好地传播国家形象, 并利用量化工具或指标来评估这些优化策略的效果。

这些主要目标都与你的课题内容紧密相关, 既具有明确性和科学性, 又具有可操作性和可评估性, 是切实可行的。

提问:

仿照"针对课题选题'护理本科生专业认同感形成的机制研究', 课题负责人提出以下主要目标: (1) 明确护理专业认同感的形成过程、结构框架、内涵以及影响因素; (2) 开发护理本科生专业认同感量表, 使专业认同感客观化; (3) 揭示护理专业认同感形成的机制, 建立护理专业认同感常模", 提炼上述主要目标, 文字不超过 150 字。

回答：

针对课题选题"短视频对国家形象的塑造及传播研究"，设定以下主要目标：

（1）解析短视频塑造国家形象的过程、内涵特征及影响因素；

（2）建立短视频对国家形象塑造效果的量化评估工具；

（3）探索优化短视频内容和形式以及提高国家形象传播效果的策略，并评估其实际效用。

综上所述，AI 的学习能力很强，申请人可以将找到的质量较高的课题主要目标范例"投喂"给 AI，让其学习，再让它列出拟申报课题的主要目标，供申请人参考。

第四节 借助 AI 通过分析型提问思考主要目标

如上所述，主要目标即申请人通过即将开展的课题研究希望最终到达的"彼岸"。在抵达"彼岸"之前，申请人要排除万难，既要克服课题研究中遇到的难点，又要突破研究重点，只有解决了这些问题，才能最终到达"彼岸"。抵达"彼岸"后，课题的研究价值也就彰显出来了。所以，在撰写主要目标时，可以参照研究价值的撰写方式。一般而言，申请书要求从学术价值和应用价值两个方面来阐述课题的研究价值，因此，也可以从学术目标和应用目标两个层面来阐述课题的主要目标。而这些目标的达成，是基于课题主要内容的研究，主要内容体现了课题要解决的一个个子问题，而这些子问题的解决才促使申请人达到一个个子目标，进而实现终极目标。综上，可以把撰写好的研究价值和研究内容都输入给 AI，然后让它从学术目标和应用目标两个层面列出课题的主要目标。

提问：

我在申报 2023 年国家社会科学基金项目，我的课题选题为"短视频对国家形象的塑造及传播研究"。

该课题的研究价值体现在学术价值和应用价值两个方面。

该课题的学术价值如下。

###

首先，课题结合了新兴的短视频传播形式与国家形象建设，为我们理解和评估新媒体对国家形象塑造的影响提供了新的视角。这种新的视角有助于我们更好地理解和利用新媒体的力量，以更有效地塑造和传播国家形象。

其次，课题计划使用混合研究方法，结合定性和定量的研究方式，这样有助于我们更全面、更深入地理解短视频在塑造和传播国家形象中的角色和影响力。

再次，课题选取的数据源为实际的短视频内容，这种实证研究方式能够更真实、准确地反映短视频在实际传播过程中的效果，为国家形象塑造提供科学的数据支持。

最后，课题将通过对短视频制作者、用户等多方面的访谈，收集到丰富的一手资料，使得研究结果具有更高的信度和效度。这一举措将有助于我们多角度、全方位地理解和评估短视频在塑造和传播国家形象中的作用，为国家形象的塑造和传播提供更有价值的策略和方法。

此外，课题研究成果将对多学科如新闻传播学、社会学、心理学等产生积极的影响。研究结果不仅可以丰富相关学科的理论知识，还可以为实际操作提供有价值的指导。

###

该课题的应用价值如下。

###

首先，研究成果能为如何利用短视频来传播和塑造国家形象提供实用的建议，对于新闻媒体、广告公司以及政府宣传部门都具有指导意义。

其次，该课题的研究结果将有助于政府和决策者更好地理解短视频在国家形象塑造中的作用，从而有利于他们制定更有针对性的媒体政策。

再次，理解短视频如何影响国家形象具有一定的经济价值。比如，旅游部门可以依据研究结果，更有效地利用短视频进行宣传，从而提高旅游收入。

最后，该课题的研究成果也对社会具有深远的意义。公众可以通过理解短视频对国家形象的影响，更好地认识自己的国家，增强对国家的认同感和归属感。

此外，该课题的研究成果也可以用于教学，可以作为新闻传播学、广告学以及媒体研究等课程的案例，帮助学生理解和掌握新媒体的传播特性和影响力。同时，课题的研究方法和过程也可以为学生提供参考。

###

该课题主要研究的内容如下。

###

第一，研究短视频作为一种新兴媒介，如何在国家形象的构建和传播中发挥作用。通过深入理解和分析短视频中的符号、语言和叙事方式，探讨其如何塑造和传播特定的国家形象。

第二，对短视频平台的操作机制进行研究，尤其是这种操作机制如何通过算法和用户偏好影响信息的传播，从而塑造特定的国家形象。

第三，理解观众如何解读并接收短视频中的国家形象信息。这部分研究将通过问卷调查和访谈等方法，收集和分析观众对于短视频中国家形象的理解和感知。

第四，研究短视频的社会文化影响，以及这种影响如何反过来塑造国家形象。这将涉及对社会文化背景、价值观、群体意识等因素的深入分析。

第五，分析和评估短视频在塑造和传播国家形象中的效率和效果。这部分研究将依据实证数据，探索短视频与传统媒介在国家形象塑造和传播中的差异。

第六，根据研究发现短视频在国家形象塑造和传播中的挑战和问题，并提出相应的解决方案，以优化短视频对国家形象的塑造和传播。

###

假设你是经验丰富的课题指导专家，请你结合课题的研究价值和研究的主要内容进行分析，写出该课题的学术目标，两三条，字数不超过150字；再写出该课题的应用目标，两三条，字数不超过150字。

回答：

该课题的学术目标如下。

1.揭示短视频媒介在国家形象构建和传播过程中的机制，包括符号、语言和叙事方式对国家形象塑造的影响，以及短视频平台的操作机制如何通过算法和用户偏好进一步影响国家形象的塑造和传播。

2.通过实证研究，量化短视频在塑造和传播国家形象中的效率和效果，探索短视频与传统媒介在国家形象塑造和传播中的差异性。

该课题的应用目标如下。

1.根据研究发现，为新闻媒体、广告公司以及政府宣传部门提供针对性的策略，以更有效地利用短视频来塑造和传播国家形象。

2.通过理解观众如何解读并接收短视频中的国家形象信息，为制定相关政策和媒体操作提供数据支持，以提高公众的国家认同感和归属感。

在这个案例中，让 AI 做的是对申请人提供的信息进行分析，在分析的基础上根据申请人设定的条件给出自己的回答。从回答质量来看，通过这种提问方式，AI 给出的回答显然更具启发性。

第 11 章

AI 辅助研究计划
及其可行性写作

在申请书的研究内容部分，除了前几章提到的研究对象、框架思路、重点难点、主要目标等部分，还有一部分内容是"研究计划及其可行性"，包括"研究计划"和"可行性"，申请人可以将二者综合阐述，也可分开阐述。但还是建议申请人将二者分开阐述，这样会更清晰。

第一节　借助 AI 设计研究计划

在课题申请书中，研究计划部分主要阐述研究步骤和时间安排，是对拟申报课题整个研究过程的详细规划。很多申请人认为这部分内容并不太重要，只要把计划的研究周期简单划分成几个研究阶段就行了。此类想法和做法是不可取的。实际上，这部分内容是很重要的，因为它向课题评审专家展示了申请人是否有一个清晰、有序的计划来实施和完成课题研究。任何课题审批单位都不愿意将课题批给无计划、计划不明确或不科学、不合理的申请人，所以这部分内容不能随便写。在撰写研究计划时，申请人需要注意以下两个问题。

第一，明确研究步骤。申请人须列出研究的主要阶段或步骤，对每一阶段或步骤做详细描述，包括阶段性目标和预期结果，如文献综述、研究设计、数据收集、数据分析、研究成果的整理和论文撰写等。

第二，做好时间安排。申请人须为每一个研究步骤设定一个实际可行的时间阶段，明确每个步骤开始和结束的时间。每个阶段的时间安排都是可行的，以便在预定的时间内完成课题研究。

一般而言，各级别的课题对课题研究的时限均有清晰的说明。例如，国家社会科学基金项目基础理论型研究的时限一般为 3 ～ 5 年，应用对策型研究的时限一般为 2 ～ 3 年。申请人可根据课题研究的主要内容、方法运用和重点难点等，做出较为可行的研究计划，研究时长过长或过短都不合适。

首先，申请人可尝试让 AI 给出研究时限的建议。

提问：

我在申报 2023 年国家社会科学基金项目，我的课题选题为"短视频对国家形象的塑造及传播研究"，我采用的理论是媒介生态学，运用扎根理论和实证研究方法，采用问题导向的研究思路进行研究。根据这个思路，我主要想研究短视频塑造了怎样的国家形象、怎样更好地塑造国家形象、如何更好地传播塑造出的新型国家形象、传播效果如何等问题。假设你是经验丰富的课题申报指导专家，你建议用多长时间来完成这个课题。

回答：

确定课题的研究周期主要考虑课题的研究深度、广度、实施方法和所需的资源等因素。你的课题"短视频对国家形象的塑造及传播研究"涉及短视频的分析、国家形象的塑造、传播效果的评估以及实证研究等多个环节，每个环节都需要一定的时间。

以经验来看，这类课题至少需要三年的时间。具体来说：

第一年，深入了解课题背景，包括短视频市场的调研、国家形象塑造的研究，以及相应的理论研究，如媒介生态学和扎根理论等。同时，开始收集和整理初步的短视频数据，以备后续分析使用。

第二年，进行实证研究，分析短视频如何塑造国家形象，并尝试提出一些初步的策略建议。同时，开始对传播效果进行初步评估，可能需要设计并进行一些调查或实验。

第三年，进一步优化和完善形象塑造和传播策略，同时继续对效果进行评估和优化。最后，整理研究结果，撰写研究报告。

以上是基于一般情况的推测，实际时间可以根据研究的具体情况、资源配置和可能出现的问题等进行调整。

AI 给出的建议有一定道理，是结合课题的研究深度、广度、实施方法和所需资源等因素进行综合考虑后给出的回答。申请人可结合 AI 给出的建议明确具体的研究时限，然后让 AI 列出课题的研究步骤和时间安排。

提问：

我在申报 2023 年国家社会科学基金项目，我的课题选题为"短视频对国家形象的塑造及传播研究"，我采用的理论是媒介生态学，运用扎根理论和实证研究方法，采用问题导向型研究思路进行研究。根据这个思路，我主要想研究短视频塑造了怎样的国家形象、怎样更好地塑造国家形象、如何更好地传播塑造出的新型国家形象、传播效果如何等问题，我计划用 3 年时间完成。假设你是经验丰富的课题申报指导专家,请你为我列出这个课题的研究步骤和时间安排。

回答:

根据你的课题和研究思路,以下是一个可能的研究步骤和时间安排的示例。这个计划分为三个阶段,每个阶段大约一年的时间。

第一年,准备和初步研究

1.1 文献回顾和理论框架建立(3个月)。

收集和分析与短视频、国家形象塑造和传播相关的文献和资料。

基于媒介生态学,建立初步的理论框架和研究假设。

1.2 研究设计和方法论确定(3个月)。

确定扎根理论和实证研究方法的具体应用方式。

设计研究方法和工具,例如问卷、访谈、内容分析等。

1.3 初步数据收集和分析(6个月)。

收集初步数据,包括短视频的内容、形式、传播渠道等。

进行初步的数据分析,了解短视频对国家形象的塑造和传播的现状。

第二年,深入研究和分析

2.1 深入数据收集和分析(4个月)。

基于第一年的初步分析,深入收集和分析数据。

探讨短视频塑造了怎样的国家形象,以及其传播效果。

2.2 国家形象塑造策略研究(4个月)。

分析和总结有效的国家形象塑造策略和方法。

探讨如何更好地通过短视频塑造和传播国家形象。

2.3 中期报告编写和提交(4个月)。

总结第二年的研究成果,编写中期报告。

提交中期报告,获取反馈,调整研究方向和方法。

第三年,总结和报告

3.1 最终数据分析和解释(4个月)。

完成最终的数据分析,解释研究结果。

验证研究假设,调整理论框架。

3.2 研究报告编写（4 个月）。

根据研究结果，编写完整的研究报告。

报告内容包括研究方法、结果、讨论、结论、建议等。

3.3 研究成果发布和推广（4 个月）。

发布研究成果，与学术界和公众分享。

探讨研究的实际应用和推广，为国家形象的塑造和传播提供指导和建议。

以上是一个基本的研究步骤和时间安排的示例，具体的安排可能需要根据实际情况和需求进行调整。希望这对你有所帮助。

从回答能够看出，因为 AI 不知道具体的起止时间，所以无法写出每一步对应的具体的时间阶段，申请人可将课题研究的具体时间告知 AI，让其在此基础上列出具体的研究步骤和时间安排。

提问：

该课题计划从 2023 年 9 月开始，至 2026 年 9 月结束，请将每一步研究都列出时间节点，采用"某年某月至某年某月"的形式，将上述研究步骤和时间安排重新列一遍。

回答：

根据你的时间框架，以下是具体的时间节点安排。

第一年，准备和初步研究（2023 年 9 月至 2024 年 8 月）

1.1 文献回顾和理论框架建立（2023 年 9 月至 2023 年 11 月）

收集和分析相关文献和资料。

建立初步的理论框架和研究假设。

1.2 研究设计和方法论确定（2023 年 12 月至 2024 年 2 月）

确定具体的研究方法和工具。

准备数据收集和分析工具。

1.3 初步数据收集和分析（2024 年 3 月至 2024 年 8 月）

收集初步数据。

进行初步的数据分析。

第二年，深入研究和分析（2024年9月至2025年8月）

2.1深入数据收集和分析（2024年9月至2024年12月）

深入收集和分析数据。

探讨短视频塑造的国家形象。

2.2国家形象塑造策略研究（2025年1月至2025年4月）

分析和总结有效的国家形象塑造策略。

探讨通过短视频塑造和传播国家形象的方法。

2.3中期报告编写和提交（2025年5月至2025年8月）

总结研究成果，编写中期报告。

提交报告，获取反馈。

第三年，总结和报告（2025年9月至2026年8月）

3.1最终数据分析和解释（2025年9月至2025年12月）

完成最终的数据分析。

验证研究假设，调整理论框架。

3.2研究报告编写（2026年1月至2026年4月）

根据研究结果，编写完整的研究报告。

报告内容包括研究方法、结果、讨论、结论、建议等。

3.3研究成果发布和推广（2026年5月至2026年8月）

发布研究成果。

探讨研究的实际应用和推广。

这是根据你所给的时间框架重新安排的研究步骤和时间节点。希望能帮助到你。

对于研究步骤和时间安排，申请人除了使用文字表述的形式，还可使用图表的形式。

提问：

请将上述研究步骤和时间安排以表格的形式呈现。

回答:

以下是按照你的课题和时间安排制成的表格。

研究阶段	研究步骤	具体任务	时间节点
第一年	1.1 文献回顾和理论框架建立	收集和分析相关文献,建立初步理论框架和假设	2023 年 9 月 – 2023 年 11 月
	1.2 研究设计和方法论确定	确定具体研究方法和工具,准备数据收集和分析工具	2023 年 12 月 – 2024 年 2 月
	1.3 初步数据收集和分析	收集初步数据,进行初步数据分析	2024 年 3 月 – 2024 年 8 月
第二年	2.1 深入数据收集和分析	深入收集和分析数据,探讨短视频塑造的国家形象	2024 年 9 月 – 2024 年 12 月
	2.2 国家形象塑造策略研究	分析和总结有效的国家形象塑造策略	2025 年 1 月 – 2025 年 4 月
	2.3 中期报告编写和提交	总结研究成果,编写和提交中期报告	2025 年 5 月 – 2025 年 8 月
第三年	3.1 最终数据分析和解释	完成最终数据分析,验证研究假设	2025 年 9 月 – 2025 年 12 月
	3.2 研究报告编写	根据研究结果编写完整的研究报告	2026 年 1 月 – 2026 年 4 月
	3.3 研究成果发布和推广	发布和推广研究成果	2026 年 5 月 – 2026 年 8 月

这个表格是按照理想的情况制订计划的,可以根据具体情况进行调整。

列表格的形式可使研究计划更直观、更形象,申请人在撰写研究计划时可综合考虑,选择自己喜欢的呈现形式。

第二节　借助 AI 提炼可行性

在课题申报过程中,研究可行性是评估一个课题的研究方案是否值得开展的重要标准。有些申请人在撰写申请书的时候,并不太重视可行性部分的撰写,以为这部分内容可有可无,或者不知道可行性应从哪些方面进行考虑,往往对之进行简单处理。

在撰写课题可行性分析时，申请人可从以下几个方面进行考虑。

第一，学术可行性。研究方案是否基于已有学术理论或研究成果，是否有足够的文献支持，是否有可行的研究方法。

第二，技术可行性。研究方案所需要的技术是否已经成熟或者正在迅速发展，是否有可靠的技术保障。

第三，数据可行性。研究所需的数据是否容易获得，是否可靠和真实，是否有足够的数据量。

第四，时间可行性。研究方案是否能够在规定的时间内完成，申请人是否有足够的时间进行实验和数据分析，以及撰写研究报告和产出研究成果。

第五，实践可行性。研究方案是否具备可实施性，是否符合实际情况。若开展实地调研或实证研究等，课题组是否具备调研或实证研究等顺利实施的保障条件。

第六，研究团队可行性。研究团队成员是否具有相关的学术背景和研究经验，是否有能力完成研究计划，是否有良好的沟通和协作能力。若开展跨学科研究，研究团队成员的学术背景和研究经验是否具备跨学科研究所需的多学科性要求。

第七，风险可行性。考虑到研究过程中可能存在的风险，研究方案中是否包含应对风险的措施。

申请人可根据以上方面对拟申报课题的可行性进行思考，但不必面面俱到，在课题申请书中写出最重要的几点，向课题评审专家说明该课题的研究的确是可行的。

要撰写出尽可能科学、合理、完整的可行性分析，就要对拟研究课题团队的情况及前期研究基础做到心中有数，而 AI 并不知道课题团队的这些情况，因此，在向 AI 提问时，要将课题团队的情况尽可能翔实地告知 AI。

提问：

研究的可行性包括学术可行性、技术可行性、数据可行性、时间可行性、实践可行性、研究团队可行性、风险可行性等。目前我的情况如下：主持省级社科项目2项，参与教育部课题1项，发表学术论文5篇；目前已下载并翻阅与课题相关的文献600余篇，搜集并观看与传播国家形象有关的短视频500余部。课题组成员全部为硕士以上学历，其中2人为博士。课题组成员中有教授1名、副教授4名、讲师3名、助教1名，课题组成员均为高校教师。课题组成员长期关注短视频及国家形象相关的议题, 专业涉及传播学、社会学、人类学、影视学等。请你为课题 "短视频对国家形象的塑造及传播研究" 做一份全面且合理的研究可行性分析, 字数控制在 300 字以内。

回答:

1. 学术可行性方面, 课题组已有深厚的理论基础和丰富的研究经验, 如参与教育部课题、主持省级社科项目等, 发表论文数量也充分表明该团队在学术上的成熟度。

2. 技术可行性方面, 成员专业覆盖传播学、社会学、人类学、影视学等领域, 有足够的专业技术力量来进行课题研究。

3. 数据可行性强, 已收集大量相关文献和短视频。

4. 时间可行性强, 团队成员一直关注此类议题, 具备足够的时间投入。

5. 实践可行性强, 有大量的实践材料 (如短视频) 可供研究。

6. 研究团队可行性。研究团队的教育背景和职位分布均较为均衡, 有足够的能力来执行研究任务。

7. 在风险可行性上, 团队成员的研究成果和经验可以有效降低研究风险。

总的来说, 从多方面看, "短视频对国家形象的塑造及传播研究" 课题在你们团队的努力下是可以施行的。

从以上回答能够看出, AI 已经针对课题团队的情况给出了课题的可行性分析, 但这还不够, 申请人还需要告知 AI 该课题的研究理论、研究方法、研究思路、研究问题等, 以便让 AI 综合课题拟研究情况和课题团队的已有情况, 给出更加合理的可行性分析。

提问:

我在申报 2023 年国家社会科学基金项目, 我的课题选题为 "短视频对国家形象的塑造及传播研究", 我采用的理论是媒介生态学, 运用扎根理论和实证研究方法, 采用问题导向型研究思路进行研究。根据这个思路, 我主要想研究短视频塑造了怎样的国家形象、怎样更好地塑造国家形象、如何更好地传播塑造出的新型国家形象、传播效果如何等问题。研究的可行性包括学术可行性、技术可行性、数据可行性、时间可行性、实践可行性、研究团队可行性、风险可行性等。目前我的情况如下：主持省级社科项目2项，参与教育部课题1项，发表学术论文5篇；目前已下载并翻阅与课题相关的文献600余篇，搜集并观看与传播国家形象有关的短视频500余部。课题组成员全部为硕士以上学历，其中2人为博士。课题组成员中有教授1名、副教授4名、讲师3名、助教1名，课题组成员均为高校教师。课题组成员长期关注短视频及国家形象相关的议题，专业涉及传播学、社会学、人类学、影视学等。请你为课题"短视频对国家形象的塑造及传播研究"做一份全面且合理的研究可行性分析，字数控制在300字以内。

回答：

以下是该课题的研究可行性分析。

1. 学术可行性。你已有丰富的研究经验，包括主持省级社科项目，参与教育部课题，发表学术论文等，表明了你的学术实力。

2. 技术可行性。你的团队拥有广泛的专业背景，如传播学、社会学、人类学、影视学等，可以提供多角度的研究视角和丰富的研究方法。

3. 数据可行性。你已收集了大量与课题相关的文献和短视频，为数据分析提供了丰富的素材。

4. 时间可行性。团队成员长期关注相关议题，有足够的时间和精力进行深入研究。

5. 实践可行性。有大量的实践材料（如短视频）可供研究。

6. 研究团队可行性。团队成员学历、职称高，有博士、教授、副教授等，可以保证研究的深度和广度。

7. 风险可行性。团队成员的丰富经验和专业背景可以有效降低研究风险。

总的来说，你的课题既有学术深度，又有实践意义，完全符合国家社会科学基金项目的申报要求，具有很强的可行性。

从回答来看，AI按照可行性分析的七个方面逐一进行了说明，实际上这是没有必要的，只需根据拟申报课题的实际情况，写出重要的三四条即可，因此，可以进一步通过提问调试。

提问：

我在申报 2023 年国家社会科学基金项目，我的课题选题为"短视频对国家形象的塑造及传播研究"，我采用的理论是媒介生态学，运用扎根理论和实证研究方法，采用问题导向型研究思路进行研究。根据这个思路，我主要想研究短视频塑造了怎样的国家形象、怎样更好地塑造国家形象、如何更好地传播塑造出的新型国家形象、传播效果如何等问题。研究的可行性包括学术可行性、技术可行性、数据可行性、时间可行性、实践可行性、研究团队可行性、风险可行性等。目前我的情况如下：主持省级社科项目 2 项，参与教育部课题 1 项，发表学术论文 5 篇；目前已下载并翻阅与课题相关的文献 600 余篇，搜集并观看与传播国家形象有关的短视频 500 余部。课题组成员全部为硕士以上学历，其中 2 人为博士。课题组成员中有教授 1 名、副教授 4 名、讲师 3 名、助教 1 名，课题组成员均为高校教师。课题组成员长期关注短视频及国家形象相关的议题，专业涉及传播学、社会学、人类学、影视学等。请你为课题"短视频对国家形象的塑造及传播研究"做一份科学合理的研究可行性分析，上面提到的研究可行性的七个方面不必面面俱到，按照重要程度挑选三四条即可。总字数控制在 300 字以内。

回答：

你的课题"短视频对国家形象的塑造及传播研究"具有明显的实用价值和研究深度。以下是关键可行性分析。

1. 学术可行性。你已有丰富的学术背景和经验，主持和参与过多项社科项目，并发表过相关论文，这些都证明了你的研究能力。

2. 数据可行性。你已经收集和阅读了大量的相关文献和短视频，这些都是宝贵的研究数据源，有利于进行实证研究和理论分析。

3. 研究团队可行性。你的团队成员学历高、专业广，且有长期关注相关议题的经历，这有利于深入、多角度地研究短视频对国家形象的影响。

4. 实践可行性。你的研究成果能为国家形象的塑造和传播提供有效的策略，具有明显的实用价值和社会影响力。

总结：这个课题基于媒介生态学的视角，结合扎根理论和实证研究方法，全方位考虑了短视频对国家形象塑造和传播的影响，具有前瞻性，完全符合国家社会科学基金项目的申报要求，可行性很强。

可以通过上述问答提炼出针对研究可行性的提问句型。

> 提问句型：我在申报【某级别课题】，我的课题选题为"【课题题目】"，借助【研究理论】，运用【研究方法】，采用【研究思路类型】进行研究。根据这个思路，我主要想研究【研究问题】。研究的可行性包括学术可行性、技术可行性、数据可行性、时间可行性、实践可行性、研究团队可行性、风险可行性等。目前我的情况如下：具备【研究基础】，做了【前期准备】，课题组成员具有【课题组学历分布和研究专长】，请你为课题【课题题目】做一份全面且合理的研究可行性分析，上面提到的研究可行性的七个方面不必面面俱到，按照重要程度挑选 3 ～ 4 条即可。总字数控制在 300 字以内。

这一提问句型同样是基于 TMAQ 模型的，需要提供课题组的研究基础、前期准备、成员构成等信息，利用这种提问句型获得的回答会更有借鉴价值。

12

第 12 章
AI 辅助其他
部分写作

除了前文所述的几部分，课题申请书还包括创新之处、预期成果、参考文献等部分。此外，课题组成员的搭配也是一个评审专家考虑的重要问题。

第一节 借助 AI 总结归纳创新之处

各类课题的申请书中几乎都设有"创新之处"的内容板块，没有创新或创新性不强的课题没有立项的价值，所以，明晰拟申报课题的创新之处非常重要。这部分内容也能让评审专家从字数有限的申请书中了解该课题的创新性。

一、研究特色和创新的要素

一些申请书"创新之处"部分的说明文字明确指出申请人可从学术思想、学术观点、研究方法等方面来梳理拟申报课题的特色和创新之处，也就是说研究课题具有的鲜明特色也属于创新的范畴。值得注意的是，此处还有一个"等"字，也就是说学术研究的特色和创新包含的方面还是很多的，除了学术思想、学术观点和研究方法方面的特色和创新，还包含其他方面的创新，如图 12-1 所示。

```
学术研究的特色和创新
├── 研究对象的创新
├── 研究问题的创新
├── 研究工具的创新
├── 研究领域的跨越（跨学科创新）
│   ├── 理论交叉
│   ├── 方法交叉
│   └── 数据交叉
├── 研究视角的转换
└── 研究数据的创新
    ├── 数据来源
    ├── 数据处理
    └── 数据分析
```

图 12-1 学术研究的特色和创新

（1）研究对象的创新。申请人可以选择新的、未被研究过的对象，如新兴技术、社会现象、群体等作为研究对象，这可为研究领域提供新的视角和解决方案。

（2）研究问题的创新。找到新的、有意义的研究问题是创新的关键。这可能涉及对已有研究的批判性思考、对行业或社会发展的关注、对未来趋势的预测等。

（3）研究工具的创新。创新的研究工具可包括新的软件工具、新的硬件设备、新的实验设备等，这些创新的工具可帮助研究人员更好地进行实验和数据分析。

（4）研究领域的跨越（跨学科创新）。不同领域的交叉研究也是学术研究的创新的重要方式。例如，计算机科学和社会学的交叉研究可以探讨数字化时代社会生活的变化。

（5）研究视角的转换。采用的研究视角不同，对问题的认识也会不同，所提出的解决方案就会不同。研究时，创新的视角可以是从不同的学科领域、文化背景、社会角色等角度来审视问题，从而得到不同的结论和建议。

（6）研究数据的创新。研究数据的创新包括数据来源的创新、数据处理的创新和数据分析的创新等。

由此可见，申请人没必要被申请书的说明文字限定住，除了说明文字明确建议的学术思想、学术观点、研究方法三个方面，还可从其他方面来思考和撰写研究特色和创新。当然，既然申请书在"创新之处"明确提出学术思想、学术观点和研究方法方面的特色和创新，那就需要先对这三个方面的特色和创新有清晰的认知和判断。

（1）学术思想，是指一定学科领域内，通过理论探讨、实践研究和学术交流所形成的理论观点、方法论和范式等思想体系。学术思想是学科研究的核心和灵魂，是在经验实践和理论探讨的基础上，对学科问题和现象做出深刻的认识和思考，也是学术成果的核心表现。在学术界，学术思想往往代表着一个学科领域的最新进展和发展方向，具有较高的学术价值和学术影响力。使用了与众不同的理论，或创新性使用理论，或对原有理论做出新的发展或创新性运用，或采用了新的研究视角，都可算作学术思想创新。

（2）学术观点，指的是学术研究者在探究某个问题或现象时，从一定的理论和实践出发，对问题或现象提出的看法、见解、理论和结论等。学术观点是学术研究者在进行学术探究和研究时，所积累的知识和经验的总结和归纳，代表了研究者在某一领域的认识、思考和理解水平。在学术界，学术观点的价值主要表现在对学术研究的推动和促进作用上，可以为学术研究提供新的思路、方法和视角，推动学术研究的深入发展。此外，学术观点还可为相关政策和实践提供参考和指导，促进学术与实践的结合。申请人提出新的问题（新发现、新假设）、建构新的理论模型、进行新的阐释、做出新的判断都属于学术观点创新的范畴。

（3）研究方法，指的是在学术研究过程中为了解决研究问题而选择的具体方式、方法和技术，也指用以达到既定研究目标的一系列规划、技巧和策略。研究方法可以被用来探索、描述、预测或解释一个现象、一种行为或者一种关系。研究方法好比研究者从事学术研究的拐杖，对研究计划的开展起着至关重要的作用，在一定程度上决定着学术研究的规划性和研究成果的最终质量。

在学术研究中，采用新颖的实验设计、数据收集、分析方法等，使用先进的仪器设备或自主研发的新工具，为研究问题提供新的证据，这都属于研究方法创新的范畴。在融合创新成为时代议题的当下，采取跨学科的思维，运用多学科综合的研究方法，从不同学科的视角观察问题，可以开阔研究者的研究视野，研究者借此可取得更丰富的研究成果。总之，申请人应在保持科学严谨的前提下，大胆创新思路，采用新颖的研究手段，创新使用研究方法，可以使研究取得更富有创造性的成果。

学术思想、学术观点和研究方法的特色和创新，最能反映申请人的独立思考以及独具特色的学术洞见，因此有的课题申请书要求申请人着重从这三个方面来阐述该课题的研究特色和创新。

二、借助 AI 基于 TMAQ 模型总结归纳特色和创新之处

如上所述，学术思想、学术观点和研究方法与研究理论、研究思路、研究问题等息息相关，因此针对学术思想、学术观点和研究方法方面的研究特色和创新，申请人可以使用 TMAQ 模型向 AI 提问。

提问：

我在申报课题，我的课题选题为"短视频对国家形象的塑造及传播研究"，我采用的理论是媒介生态学理论，运用扎根理论和实证研究等研究方法，采用问题导向的研究思路，主要研究短视频塑造了怎样的国家形象、怎样更好地塑造国家形象、如何更好地传播塑造出的新型国家形象、传播效果如何等问题。你作为课题申报指导专家，请从学术思想、学术观点和研究方法等方面写出该课题的特色和创新之处，字数控制在 400 字以内。

回答：

课题"短视频对国家形象的塑造及传播研究"的特色和创新之处主要体现在以下几个方面。

1. 学术思想。本研究以媒介生态学理论为基础，将短视频视为一种新兴的传播媒介，关注其在国家形象塑造和传播过程中的独特作用。这一思想突破了传统的国家形象研究范式，更好地适应了当下媒体环境的变革与发展。

2. 学术观点。本课题从短视频的内容、形式、传播策略等多个角度出发，探讨短视频在塑造国家形象方面的特点和优势，以及如何更好地传播国家形象。这些观点有助于丰富和拓展国家形象研究的理论体系，增强研究的实践性与针对性。

3. 研究方法。本研究采用扎根理论和实证研究相结合的方法，以问题导向的研究思路为主线，从实际出发，关注短视频国家形象塑造的过程、机制和效果。这种研究方法和与之相匹配的研究思路有助于深入挖掘短视频对国家形象塑造和传播的内在逻辑和一般规律。

4. 跨学科融合。本课题将媒介生态学理论、扎根理论、实证研究等多个领域的理论和方法相结合，形成了一个富有创新性的研究框架。这种跨学科的研究方式有助于发掘短视频对国家形象塑造及传播研究的多元价值，增加研究的深度，扩展研究的广度。

综上所述，本课题在学术思想、学术观点、研究方法和跨学科融合等方面具有明显的特色和创新，既可推动相关领域的理论发展，又能为国家形象塑造和传播实践提供有益启示。

该回答很有启发性。基于 TMAQ 模型，针对课题特色和创新之处的提问句型总结如下。

> 提问句型：我在申报【某级别课题】，我的课题选题为【课题题目】，我采用的理论是【研究理论】，运用【研究方法】，采用【研究思路类型】，主要研究【研究问题】等问题。你作为课题申报指导专家，请从学术思想、学术观点和研究方法等方面写出该课题的特色和创新之处，字数控制在 400 字以内。

三、借助 AI 通过你问我答型提问总结归纳特色和创新之处

基于 TMAQ 模型的提问，要求申请人对拟申报课题所采用的研究理论、研究方法、研究思路和研究问题等有较清晰的认识。申请人如对这些方面尚未明晰或没有完全想明白，则可以采用角色扮演的方式，让 AI 充当课题申报指导专家，来帮助申请人理清头绪，进而让申请人真正把握拟申报课题的创新之处。

提问（用户）：我在申报国家社会科学基金项目，我的申报选题是"短视频对国家形象的塑造与传播研究"，请你扮演课题申报指导专家来辅导我的课题申报。我现在遇到的问题是我不知道拟申报课题在学术思想方面的特色和创新，请你通过问答的形式来指导我，你来问我来答，我们共同把学术思想的特色和创新提炼出来，可以吗？每次对谈中你只问一个问题，我作答，你再根据我作答的情况继续提问。

回答（AI 提问）：好的，让我们开始吧。请问关于短视频对国家形象的塑造与传播方面，你做过哪些初步了解和调研？

提问（用户回答）：通过观看一些短视频平台上的短视频，我发现很多短视频在记录和艺术化呈现中国社会、经济、文化等方面的发展变化，展现了中国人民的自信、中国社会的发展和中国文化的创造性转化及创新性发展，塑造了可敬、可爱、可亲、可信的新型国家形象。短视频短小精悍，主要通过网络和新媒体传播，能够快速触达更广泛的用户，特别是年轻人，他们是短视频的主要观看群体。通过生动鲜活、创意十足的短视频，可以有效传播中国的国家形象，让海内外观众了解到真实的中国。

回答（AI 提问）：很好，你的初步了解和调研已经让你对短视频对国家形象的塑造和传播有了初步认识。那么，请问你认为这个课题在学术研究上有哪些创新点和研究价值呢？

提问（用户回答）：在研究方法上，我会采用问卷调研法来搜集和分析用户对短视频塑造和传播国家形象的满意度情况，用扎根理论的方法对大量的短视频塑造和传播国家形象的案例研究，并对短视频创作者和传播者进行深度访谈，分析案例和访谈，得出短视频与国家形象塑造及传播的理论模型，在此基础上提出短视频有效塑造和传播国家形象的路径，并将提出的路径运用到短视频内容的生产与传播中，进行进一步检验。与已有研究相比，该选题将更加聚焦短视频对国家形象的影响，

是一项针对短视频在国家形象塑造和传播方面的深入研究。在理论贡献方面，该选题将有助于深化对短视频传播理论的理解和完善相关的理论框架，同时也为国家形象的塑造和传播提供新的思路和方法。在实证贡献方面，该选题将采用丰富的数据资源和前沿的研究方法，对短视频对国家形象的影响进行系统分析和评估，为决策者提供科学的决策支持。在研究方法贡献方面，该选题将基于大数据和人工智能技术的研究方法，为未来相关领域的研究提供创新思路和方法。在跨学科贡献方面，该选题将结合传播学、心理学、文化学、计算机科学等多个学科的理论和方法，形成多学科交叉的研究视角和方法。在对话贡献方面，该选题将促进学术界和决策界之间的对话和合作，为学术研究和政策制定提供支持。在启示贡献方面，该选题会让公众更深入地认知短视频所塑造的国家形象，提高公众对国家形象的关注度和认知度。

回答（AI 提问）：非常好，你对于研究方法和研究贡献的阐述非常清晰和详细。但是我还想了解一下，你的研究在哪些方面有创新？与已有研究相比，你的研究有什么新的发现和见解吗？

提问（用户回答）：我的研究综合使用社会学、文化学、影视学、心理学、传播学等学科的相关理论，采用跨学科的研究方法，体现了研究方法的创新；聚焦短视频对国家形象的塑造及传播问题，与以往研究更多关注电视剧、电影、纪录片、文学等对国家形象的塑造及传播相比，研究对象较为新颖。

回答（AI 总结）：你的观点是正确的。研究方法的创新和研究对象的创新是研究的两个重要方面。采用跨学科的研究方法可以帮助我们从不同的学科角度分析和解决问题，从而更全面地认识和理解研究对象。而聚焦短视频对国家形象的塑造及传播问题，相较于以往研究更多关注传统媒介如电视剧、电影、纪录片、文学等对国家形象的塑造及传播，更加贴近现代社会和年轻人的娱乐生活方式，具有更大的现实意义和研究价值。

在你问我答中，AI 作为学术伙伴的作用得到发挥，申请人可以在与它对话的过程中不断认清拟申报选题的研究基础、研究特色和研究创新，进而更好地完成课题申请书的撰写。

第二节 借助 AI 撰写预期成果

对于课题申报（后期资助类除外）来说，申报时课题尚未开展，因此课题申请书一般会要求申请人写出预期成果，经验丰富的课题评审专家能通过申请人拟定的预期成果判断该项课题成果的价值和效益，同时预期成果也是课题结题时专家组评定课题是否按期结题的重要参考。预期成果一般包括成果形式、使用去向及预期社会效益等。

提问：

我在撰写国家社会科学基金项目申请书，申请书中有成果形式、使用去向及预期社会效益等，我该如何撰写这部分内容？

回答：

在成果形式、使用去向及预期社会效益部分，你需要详细描述课题完成后的预期成果，包括这些成果将如何使用，以及这些成果能给社会带来什么样的效益。以下是一些具体的建议。

成果形式。你应描述课题完成后可能产生的成果形式。常见的学术研究成果形式包括论文、著作、会议报告、数据集、软件、专利等。比如，你可能预期在高水平学术期刊上发表多篇论文，或出版一本学术专著，或在会议上做主题报告。

使用去向。你应详细说明这些成果将如何使用，以及它们的潜在受众。例如，你的研究成果可能会被学术界引用，为后续研究提供基础，或者你的成果可能对政策制定者有实际的指导意义，也可能你的数据集或软件工具会被其他研究者或行业使用。

预期社会效益。你应说明你的研究如何对社会产生积极的影响。比如，你的课题"短视频对国家形象的塑造及传播研究"所产生的社会效益可能包括以下几项。

1. 为政策制定者提供关于如何使用短视频来塑造和传播国家形象的策略建议。

2. 为媒体和公共关系行业提供关于如何有效使用短视频进行传播的实践指南。

3.提高公众对短视频在塑造和传播国家形象中作用的认识，引导他们更为理性地评价和理解这种媒体形式。

当然，具体的写作还需要结合你的课题内容和研究计划进行调整。希望这些建议能够帮助到你！

由此可见，当申请人对申请书中的"预期成果"部分内容不太了解时，可通过向 AI 发问来寻求撰写思路上的帮助，而 AI 的回答的确具有很高的参考价值。在对预期成果部分的撰写要求有了一定认知的基础上，申请人可将拟申报课题的研究理论、研究方法、研究思路、研究问题输入给 AI，让其根据具体的信息撰写出有针对性的预期成果。

提问:

我在申报国家社会科学基金项目，我的课题选题为"短视频对国家形象的塑造及传播研究"，我采用的理论是媒介生态学理论，运用扎根理论和实证研究等研究方法，采用问题导向的研究思路。我主要想研究短视频塑造了怎样的国家形象、怎样更好地塑造国家形象、如何更好地传播塑造出的新型国家形象、传播效果如何等问题。我在撰写国家社会科学基金项目申请书，申请书中有成果形式、使用去向及预期社会效益等内容，请为我撰写这部分内容。

回答:

课题完成后，预计将产生以下主要形式的研究成果。

1.学术论文。预计将在国内外传播学、社会学等相关领域的权威期刊上发表若干篇学术论文，展示研究成果。

2.专著。预计撰写一部专著，全面系统地阐述短视频如何塑造和传播国家形象的问题。

3.数据库。将形成一份关于短视频对国家形象的塑造及传播的大数据样本，为后续相关领域研究提供数据支持。

4.研究报告。将撰写详细的研究报告，总结我们的发现，并提供具体的策略建议。

预计研究成果的使用去向如下。

1. 学术界。学术论文和专著的发表将丰富传播学和社会学的理论知识，为同行提供参考和启示。大数据样本将为后续相关领域的研究提供重要的数据支持。

2. 政策制定者。我们的研究报告将对政策制定者有实际的指导意义，特别是在制定相关的媒体政策和国家形象塑造策略方面。

3. 媒体行业。我们的研究成果将对新媒体传播行业的实践具有一定的指导价值，提供新的传播策略。

预计研究成果的社会效益如下。

1. 提升国家形象塑造与传播的效果。我们的研究将帮助政策制定者和媒体行业更有效地利用短视频这一媒介来塑造和传播国家形象。

2. 提供公众教育。通过公开发表的学术成果，公众可以更好地理解短视频在国家形象塑造与传播中的作用，从而更理性地评价和理解这种媒体形式。

3. 推动媒体创新发展。我们的研究成果将为新媒体的创新和发展提供理论和实证支持，有助于推动相关行业的进步。

第三节　借助 AI 筛选参考文献

AI 不是搜索引擎，让它来生成文献，会发现很多文献并不存在，而是人工智能"幻想"出来的产物，这也就是人们经常说的"AI 在一本正经地胡说八道"，但是在撰写参考文献部分时，依然可以借助 AI 获取一定的思路。参考文献部分也是非常重要的，有时候经验丰富的评审专家单凭参考文献部分就能快速判断申请人对前期文献的掌握情况，以及该申请书的创新性、前沿性和前瞻性。要"站在巨人的肩膀上进行研究"，如果申请人连与拟申报选题相关的文献都没有全面掌握，特别是对于一些权威的、重要的文献都没有获取，那么拟开展的课题研究在科学性上必然是失之偏颇的。尤其是对于初次申报课题或申报经验缺乏的申请人来说，可首先借助 AI 对参考文献部分写作的注意事项进行初步了解。

提问:

我在撰写国家社会科学基金项目申请书,申请书中需列出开展本课题研究的主要中外参考文献,请问在列主要中外参考文献时应注意哪些问题?

回答:

在列出开展本课题研究的主要中外参考文献时,以下几点应予以注意。

1. 相关性。列出的参考文献必须与你的课题研究直接相关,可以从理论背景、研究方法或者研究内容等方面与你的研究有关联。

2. 权威性。参考文献的选择应尽可能选取权威的学术来源。例如,在国内外有一定影响力的学术期刊、专业出版社出版的图书等。

3. 时效性。参考文献要与当前的研究趋势和热点相符,一般来说,应选择近五年内发表的文章。同时也可以适当引用一些经典的或基础的文献。

4. 平衡。在选择中外文献时,需要保持一定的比例和平衡,既要关注国内的研究进展,也要关注国际上的学术动态。

5. 完整和规范。参考文献的引用必须遵循一定的引用规则,确保每一项参考文献的信息是完整的,包括(但不限于)作者、出版年份、文章或书名、期刊名或出版社、卷期号、页码等。

6. 引文清晰。在论述过程中,凡是引用了文献的观点、数据或者结论,都应清晰地标明引文来源,以证明你的研究是基于前人的研究成果进行的,同时也体现了对前人研究成果的尊重。

以上几点在列出参考文献时都是非常重要的,只有一个完整、规范和科学的参考文献清单,才能更好地支持你的课题研究。

近几年的课题申请书,尤其是国家社会科学基金项目的申请书对参考文献部分做了"略写"的要求,这就要求申请人对参考文献精挑细选,不能随意罗列,更重要的是,要选择那些与拟申报课题密切相关的重要文献,因此申请人在用 AI 辅助筛选参考文献时,可将课题题目、研究理论、研究方法、研究思路、研究问题都发送给 AI,让它根据拟申请课题的情况为申请人列出注意事项。

提问：

我在申报国家社会科学基金项目，我的课题选题为"短视频对国家形象的塑造及传播研究"，我采用的理论是媒介生态学理论，运用扎根理论和实证研究等研究方法，采用问题导向的研究思路，主要想研究短视频塑造了怎样的国家形象、怎样更好地塑造国家形象、如何更好地传播塑造出的新型国家形象、传播效果如何等问题。我在撰写课题申请书，申请书中需列出开展本课题研究的主要中外参考文献，请问我在为这个课题列主要中外参考文献时应注意哪些问题？

回答：

在列"短视频对国家形象的塑造及传播研究"课题的主要中外参考文献时，你需要注意以下几个问题。

1. 相关性。你需要选择那些与你的研究主题密切相关的文献。对于你的课题，这可能包括媒介生态学理论、扎根理论、实证研究、短视频传播、国家形象塑造等主题的文献。

2. 权威性。你应优先选择那些发布在学术期刊或由知名出版社出版的文献。这样的文献经过了同行评审，质量和可信度更高。

3. 时效性。你应选择那些反映最新研究趋势和进展的文献。这可能包括最近五年内发布的文献，但也可以包括一些早期的、在你的研究领域具有开创性意义的文献。

4. 平衡性。你应该在引用中文和外文文献时保持平衡，既要关注国内的研究，也要关注国际的研究。

5. 规范性。在引用文献时，要确保你的引用格式正确和一致，这可能包括作者名字、文章标题、期刊或著作名称、出版年份、页码等信息。

6. 明确性。在你的申请书中应明确指出所引文献的具体位置，这不仅可以让评审者明白你的研究背景，也可以显示出你对他人学术成果的尊重。

总的来说，列参考文献是一个需要细心和耐心的过程，你需要通过这个过程展示出你的研究是建立在坚实的学术基础之上的。

综上所述，申请人在筛选参考文献时应注意以下几点：第一，参考文献需同时包括中文和外文文献；第二，参考文献的类型要丰富，应包括专著、期刊论文、硕博论文、报纸论文等，而不应只列出期刊论文，当然参考文献还要根据具体学科、具体专业、具体申报课题的情况进行筛选；第三，参考文献需突出密切相关性、权威性、重要性；第四，参考文献需注意新与旧的问题，既要包含与拟申请选题密切相关的本领域较权威的早期的文献，也要包含最新的重要文献；第五，不要列网络文献；第六，不要列申请人自己的和课题组成员的文献；第七，要做到"麻雀虽小，五脏俱全"。此部分虽是略写，也没有明确要求最多不超过多少条，但一般来说不要超过 20 条，在有限的文献条目中，我们要尽量让所列文献具有系统性和全面性，也就是说要尽量列出与拟申请课题选题密切相关的具备权威性、重要性的文献，要做到小而精、少而全、略而细；第八，参考文献的格式一定要规范，否则易被评审专家认为申请人在学术研究的规范性和严谨性上有一定欠缺，成为减分项。

第四节　借助 AI 组建研究团队

申请书的基本信息中"课题组成员"部分的填写也是很重要的。虽然匿名评审专家主要评审课题申请活页，但是到了课题评审的最后环节，申请书依然是重要的考量部分，因为团队成员的搭配是否合理是十分重要的。也就是说，选择课题组成员不能太随意，也并不能和谁关系好就把谁列上，更不能为了装饰"门面"而列一些实际上并不参与课题的高学历、高职称学者或管理人员。申请人可借助 AI 更好地了解课题组成员搭配方面的注意事项。

案例 1
申请人的学位是博士，职称是教授。

提问：

我在申报国家社会科学基金项目，我的课题选题为"短视频对国家形象的塑造及传播研究"，我采用的理论是媒介生态学理论，运用扎根理论和实证研究等研究方法，采用问题导向型研究思路，主要想研究短视频塑造了怎样的国家形象、怎样更好地塑造国家形象、如何更好地传播塑造出的新型国家形象、传播效果如何等问题。我是课题负责人，传播学专业博士、教授。你作为课题申报指导专家，请为课题组成员的构成提出建议，包括人数、职称、学历和专业等。

回答：

你的课题选题具有广泛的学科交叉性，涉及传播学、社会学、影视学等，我对课题组成员构成的建议如下。

1.人数。根据课题的复杂性和工作量，一般来说，课题组的人数可以是5~8人，这样既能保证课题研究的全面性，又便于团队协作和沟通。

2.职称与学历。考虑到你本人已经是具有博士学位和教授职称的传播学专家，你可以在课题组中引入一些副教授或讲师，以及硕士或博士研究生。这些成员可以在你的指导下进行大部分研究工作，并能从中学习和提升自己。

另外，课题组中可以再包含一二位具有博士学位和教授职称的成员，他们在其他相关领域有深厚的理论基础和丰富的研究经验，可以为课题的深度和广度提供更多保障。

3.专业。传播学方面，除了你自身的专业背景，可以考虑再引入一二位传播学专家，他们可以从多角度、多层次研究短视频的传播效果。

社会学方面，社会学专家能从社会角度分析短视频对公众观念和态度的影响，有助于理解国家形象是如何被塑造和传播的。

影视学方面，影视学专家可以研究短视频的制作技巧和受众反应，为优化国家形象的塑造提供实践建议。

数据分析/统计学方面，鉴于你的课题将采用实证研究方法，引入具备数据分析/统计学背景的成员是非常必要的，他们可以负责数据收集、处理和分析，为研究结果提供实证支持。

4.其他。为了有效推动课题进展和协调成员的工作，可以设置一名项目协调人，其主要职责为跟踪项目进度，协调团队内部的沟通，以及在必要时调整研究计划。同时，如果条件允许，也可以考虑引入具有设计或视觉艺术背景的成员，他们可以帮助课题组更好地理解和利用短视频的视觉效果。

案例 2

申请人的学位是硕士，职称是副教授。

提问:

我在申报国家社会科学基金项目，我的课题选题为"短视频对国家形象的塑造及传播研究"，我采用的理论是媒介生态学理论，运用扎根理论和实证研究等研究方法，采用问题导向型研究思路，主要想研究短视频塑造了怎样的国家形象、怎样更好地塑造国家形象、如何更好地传播塑造出的新型国家形象、传播效果如何等问题。我是课题负责人，传播学专业硕士、副教授。你作为课题申报指导专家，请为课题组成员的构成提出建议，包括人数、职称、学历和专业等。

回答:

你的课题涉及的领域非常广泛，包括传播学、社会学、影视学等，所以你的课题组需要包括这些领域的专家。以下是我对课题组成员构成的建议。

1.人数。课题组的人数需要保证既能满足研究需要，又能保持高效的沟通和协作。一般来说，5～8人的团队规模是比较理想的。

2.职称与学历。考虑到你自身是传播学专业的硕士、副教授，课题组内可以考虑包含1～2位具有博士学位和教授职称的成员，他们的学术经验和研究深度可以提供更高层次的支持。同时，课题组中也可以包含几位具有硕士学位、副教授或讲师职称的成员，他们可以在具体研究过程中承担更多的工作。

3.专业。传播学方面，课题主要研究的领域为传播学，因此传播学专业的成员可以从专业的角度深入分析短视频的传播效果以及其对国家形象的影响。

社会学方面，社会学专业的成员可以从社会的角度分析短视频对社会公众的情绪和观念的影响，从而理解短视频是如何塑造国家形象的。

影视学方面，影视学专业的成员可以从专业角度分析短视频的制作技巧，为如何更好地塑造和传播国家形象提供有价值的建议。

数据分析/统计学方面，鉴于你的课题采用实证研究方法，具备数据分析/统计学背景的成员能有效地进行数据处理和结果分析，提供实证支持。

4.其他。在团队管理方面，建议设立一名项目协调人，负责调配资源、协调沟通、推动课题进展等工作。同时，为了更好地理解短视频的视觉效果和观众反应，如果条件允许，可以加入一名具备设计或视觉艺术背景的成员。

案例 3

申请人的学位是博士，职称是教授。

提问：

我在申报国家社会科学基金项目，我的课题选题为"短视频对国家形象的塑造及传播研究"，我采用的理论是媒介生态学理论，运用扎根理论和实证研究等研究方法，采用问题导向型研究思路，主要想研究短视频塑造了怎样的国家形象、怎样更好地塑造国家形象、如何更好地传播塑造出的新型国家形象、传播效果如何等问题。我是课题负责人，传播学专业博士、讲师。你作为课题申报指导专家，请为课题组成员的构成提出建议，包括人数、职称、学历和专业等。

回答：

你的课题选择有着明确的方向，并且涉及传播学、社会学、影视学等交叉学科，课题组的构建将需要考虑这些因素。以下是我对课题组成员构成的建议。

1. 人数。根据课题的广泛性和研究深度，我建议课题组人数在 5 ~ 7 人，这样能够确保课题研究的全面性，同时也能保证有效的团队协作。

2. 职称与学历。作为课题负责人，你是具有博士学位的讲师。课题组中可以再包括 1 ~ 2 位教授或副教授，他们在相关领域具有深厚的理论基础和研究经验，可以为课题提供深度和广度上的保障。

课题组的其他成员可以是一些有研究经验的博士研究生或者硕士研究生，他们能承担大部分的研究工作，并能在实践中学习和提升自己。

3. 专业。传播学方面，除了你本身的专业背景，还可以再引入 1 ~ 2 位传播学专家，这样可以多角度、多层次地研究短视频的传播效果。

社会学方面，社会学专家能够从社会角度分析短视频对公众观念和态度的影响，有助于理解国家形象是如何被塑造和改变的。

影视学方面，影视学专家可以研究短视频的制作技巧和受众反应，这对于优化国家形象的塑造提供了实践建议。

数据分析 / 统计学方面，考虑到你的课题将采用实证研究方法，引入具备数据分析 / 统计学背景的成员是必要的，他们可以负责数据收集、处理和分析，为研究结果提供实证支持。

4. 其他。设立一名项目协调人是一个不错的选择，他的主要职责是跟踪项目进度，协调团队内部的沟通，以及在必要时调整研究计划。另外，如果条件允许，你也可以考虑引入一些具备设计或视觉艺术背景的成员，他们可以帮助课题组更好地理解和使用短视频的视觉元素。

综上所述，申请人自身的学历和职称不同，课题组成员的构成就会有所差异；拟申请课题的学科性质不同，课题组成员的构成也会有差异。例如，课题具有跨学科属性，那么就要在课题组成员的构成方面考虑跨学科性；拟申请课题采用了较新的研究方法，与之相适应，课题组中就一定要有熟练掌握这种研究方法的成员。

第五节　借助 AI 撰写学术简历

如上所述，课题团队的组建至关重要，而作为团队的负责人，申请人是整个课题组的灵魂，要负责整个课题研究的开展，要对课题研究的规范性、科学性以及课题成果的质量负主要责任，因此课题申请人要具有较强的学术能力，申请书中的研究基础部分的"学术简历"是对申请人学术能力、学术经验以及在相关研究领域的学术积累和贡献等的考察。申请人可借助 AI 对学术简历部分的撰写要求获得初步认知。

提问：

我在撰写国家社会科学基金项目申请书，申请书中需列出申请人的主要学术简历、学术兼职，在相关研究领域的学术积累和贡献等，请问在写这块内容时应注意哪些问题。

回答：

在撰写申请人的学术简历、学术兼职以及相关领域的学术积累和贡献时，应注意以下几个问题。

1. 完整性。在学术简历中应详细列出教育背景（包括获得的学位和主修专业）、工作经历（包括工作单位、职位、工作时间）、重要的学术兼职（如学术期刊编辑、学术组织会员等），以及在学术领域的主要成就（如发表的文章、出版的著作、获得的奖励等）。在描述相关领域的学术积累和贡献时，应尽可能详细并准确地提供相关信息。

2. 准确性。所有列出的信息必须是真实、准确的。任何不准确或误导性的信息都可能降低你的申请成功率。

3. 相关性。在描述你的学术简历和兼职时，应特别强调那些与你申请的课题直接相关的经历和成就。这将帮助评审人员理解你在这个领域的专长和资质。

4. 突出重点。突出你的主要成就和贡献。如果你在该领域有重要的成果或成就，如在高影响力期刊上发表了文章或获得了重要奖项，则一定要在简历中明确提出。

5. 格式统一。保持简历的格式清晰、简洁和统一。良好的格式可以帮助评审人员更好地了解你的资历和成就。

6. 最新信息。确保你的学术简历和学术兼职信息是最新的。你的最新工作经历和学术成果应该是你申请书中重要的一部分。

在撰写过程中一定要保持诚实，对自身的学术成就进行准确地反映，同时要避免夸大或夸张。

由此可见，申请人在撰写申请书时应重视学术简历部分，不能敷衍了事，也不能夸大其词，更不能有虚假信息存在。学术简历部分能帮助评审专家和课题管理部门更好地评价该课题的申请人是否具有驾驭课题和研究课题的能力。简言之，若申请人的学术能力较弱、学术积累较差，那么是无法驾驭一项极具创新性且具有一定研究难度的课题的，所以学术简历被放在了研究基础部分，这标示了拟申请课题的研究基础是否能支撑这项课题的开展。

一些刚毕业不久的高校教师在撰写这部分内容时，常会觉得无话可说，或觉得自己的研究经验较少、学术简历较简单，没什么可写的。实际上，申请书的每个部分在撰写时都有一定的规律和技巧，该部分的撰写也不例外。申请人可以将拟申请课题的详细信息发给 AI，让它为自己提供一些建议。

提问：

我在申报国家社会科学基金项目，我的课题选题为"短视频对国家形象的塑造及传播研究"，我采用的理论是媒介生态学理论，运用扎根理论和实证研究等研究方法，采用问题导向型研究思路，主要想研究短视频塑造了怎样的国家形象、怎样更好地塑造国家形象、如何更好地传播塑造出的新型国家形象、传播效果如何等问题。我在撰写课题申请书，申请书中需列出申请人的主要学术简历、学术兼职，在相关研究领域的学术积累和贡献等，请为我提供一些建议。

回答：

在撰写申请人的主要学术简历、学术兼职，在相关研究领域的学术积累和贡献等时，你可以考虑以下几个方面。

1. 学术背景和工作经历。清晰地列出你的学习经历，包括获得的学位、主修的专业以及毕业的学校。同样地，将你的工作经历、你服务的机构、你的职位以及工作时长等信息进行详细介绍。

2. 学术兼职。如果你在学术机构或学术期刊中担任过职务，例如某个学术机构的委员，或者某个学术期刊的审稿人，都可以在此部分列出。这将展现你在学术界的影响力和贡献。

3. 学术积累和贡献。在这一部分，你应该详细地列出你在传播学和短视频研究领域的主要成果。例如，你发表过相关的研究论文、你参与或主持过相关的研究项目、你提出了重要的理论，以及你在该领域所获得的奖项等。记得要强调这些成果对于你申请课题的意义和价值。

4. 特别的成就或者荣誉。如果你有任何与众不同的成就或者荣誉，例如获得了特别奖项或者被邀请在重要的学术会议上发表演讲，都可以在此部分进行说明。

5. 持续的学术活动。如果你正在进行的研究或者计划进行的研究与你的申请课题有关，则也应该在这一部分进行介绍。这可以让评审人员看到你对此课题的持续关注和专注。

　　以上都是一些一般性的建议，具体还需要申请人根据自己的实际情况进行调整和优化。

　　由此可见，即便是学术简历较为简单的申请人，也可以围绕拟申报选题，将自己前期已做出的相关工作进行梳理，归纳自己的前期成果，提炼自己前期参加的相关学术活动和发表的学术演讲，这些都可以用来丰富自己的学术简历。当然，由此也能从一定程度上看出在申请高级别的研究课题时，研究基础非常重要，"不积跬步，无以至千里"，这句名言在课题申报上体现得淋漓尽致。因此，作为研究者，我们要抓住任何级别课题的申报机会，不要忽视和轻视低级别课题，也不要畏惧高级别课题，可以先从校级课题的申报做起，再积极申报厅局级和省级课题，最后积极向部级和国家级课题发起冲击。要有越挫越勇的精神，要有越战越勇的决心，只有这样，才能收获一次次立项的喜悦。

参考文献

[1] 文传浩，夏宇，杨绍军，等.国家社科基金项目申报规范、技巧与案例 [M].4 版.成都：西南财经大学出版社，2020.

[2] 郭泽德.写好论文 [M].北京：清华大学出版社，2020.

[3] 郭泽德，宋义平，关佳佳.一本书读懂 30 部人文社科经典 [M].北京：清华大学出版社，2022.